高等学校应用基础型人才培养系列教材

实验实训

U0643053

传感器系统实验教程

编著 梁慧斌 时连君 魏绍亮 王京生

中国电力出版社
CHINA ELECTRIC POWER PRESS

内 容 提 要

本书配合高等教育工程测试与信号处理、测试技术与信号处理、测试与传感技术、传感器与检测技术、传感器原理、非电量电测技术、自动检测技术和机械工程测试技术等基础课程而编写。本书包括压阻式压力传感器、电容传感器、差动变压器、电涡流传感器、压电传感器、温度传感器、霍尔式传感器、磁电式传感器、光电转速传感器、光纤位移传感器等相关实验。每个实验按实验目的、基本原理、需用器件与单元和实验步骤，进行了详细地讲述和指导，部分实验配有思考题，并附有实验结果记录和处理用表，在训练基本实验技能的同时，突出了综合性实验能力的培养。

本书为普通高等院校机械类本科相关专业工程测试与信号处理、测试技术与信号处理、测试与传感技术、传感器与检测技术等课程的配套实验教材，供实验课程选用。

图书在版编目（CIP）数据

传感器系统实验教程 / 梁慧斌等编著. —北京：中国电力出版社，2015.4（2025.12 重印）
高等学校应用基础型人才培养规划教材. 实验实训
ISBN 978-7-5123-7289-4

Ⅰ. ①传… Ⅱ. ①梁… Ⅲ. ①传感器－实验－高等学校－教材 Ⅳ. ①TP212-33

中国版本图书馆 CIP 数据核字（2015）第 040446 号

中国电力出版社出版、发行

（北京市东城区北京站西街 19 号 100005 http://www.cepp.sgcc.com.cn）
北京天泽润科贸有限公司印刷
各地新华书店经售

*

2015 年 4 月第一版 2025 年 12 月北京第七次印刷
787 毫米×1092 毫米 16 开本 7.5 印张 176 千字
定价 23.00 元

编　委　会

序

　　山东特色名校工程，是山东省为解决省内高等学校面临的办学模式单一、同质化倾向明显、学科专业结构不能够适应经济社会发展等问题而实施的教育改革，即在省内地方高校中遴选一批不同类型的人才培养特色名校，进行重点建设。山东特色名校工程被誉为"山东省版 211 工程"或"鲁版 211 工程"。名校工程突出"分类指导、内涵发展、强化特色、提高质量"的主题，推动高校科学发展，建设一批在深化教育教学改革、创新人才培养模式、提高人才培养质量、增强社会服务能力等方面发挥示范带动作用的高校，形成层次类别清晰、具有山东特色的高等教育体系。

　　山东科技大学作为第一批重点建设的应用基础型特色名校之一，紧紧把握机遇，全面启动名校建设工作。机械设计制造及其自动化、土木工程、采矿工程等专业是特色名校建设的重点专业，学校计划通过 3 年名校工程重点专业建设，将重点建设的专业建设成为在工程领域中专业特色鲜明、办学优势突出，人才培养、科学研究、社会服务、管理水平和毕业生质量均达到国内先进水平，且具有较高知名度的特色专业。要培养具有"宽口径、厚基础、强能力、高素质"特征的具有创新意识的人才。要培养具有创新意识的人才，实践教学所占的地位十分重要。众多发明创造都来自于实验。因此，营造一个较好的实验、实践环境，建立一套完善的实践体系，因此编写一套高质量的实验、实践教材是基本的保证。

　　按照山东省特色名校建设的要求，学校组织以实验室教师为主，任课教师积极参与，制订了一套具有创新意识的实验、实践教改方案。经过有关专家论证，结合一线实验教师、任课教师的多年实践教学经验，组织编写了这套高等学校应用基础型人才培养规划教材·实验实训系列教材，包括流体力学实验教程、机械原理实验教程、传感器系统实验教程、汇编语言与接口技术实验教程、互换性与测量技术实验教程。

　　该套教材主要特点如下：

　　（1）注重学生动手能力培养，加强实践、培养兴趣、积极创新的理念。

　　（2）符合教学规律，实现了循序渐进，实验分为验证性实验、综合性实验、创新性实验和设计性实验 4 个层次。

　　（3）实现了内容的优化组合，突出了先进性和实用性。

　　该套教材可以作为本校或者外校相同、相近专业学生的实验指导教材，也可以作为教师和工程技术人员的设计参考书。

2014 年 12 月

前　言

　　本书配合高等教育工程测试与信号处理、测试技术与信号处理、测试与传感技术、传感器与检测技术、传感器原理、非电量电测技术、自动检测技术和机械工程测试技术等基础课程而编写。本书包括压阻式压力传感器、电容传感器、差动变压器、电涡流传感器、压电传感器、温度传感器、霍尔式传感器、磁电式传感器、光电转速传感器、光纤位移传感器等相关实验。按实验目的、基本原理、需用器件与单元和实验步骤，对每一个实验进行了详细地讲述和指导，部分实验配有思考题，并附有实验结果记录和处理用表，在训练基本实验技能的同时，突出了综合性实验能力培养的内容。题材方面，在训练基本实验技能的同时，突出了综合性实验能力的培养。

　　本书在参考原实验系统材料的基础上，内容编排便于学生独立操作，加强动手能力培养。希望学生通过实验有助于深入理解课本知识。

　　本书由山东科技大学组织编写，由梁慧斌、时连君、魏绍亮、王京生编著。

　　由于编写者时间、水平所限，难免有疏漏谬误之处，热切期望读者的赐教！

编　者

2014.12

目　　录

CSY-9XX 型传感器实验仪说明

0.1 实 验 仪 组 成

CSY-9XX 传感器实验仪主要由机壳、机头（传感器安装平台）、显示面板、调理电路面板（传感器输出单元、传感器转换放大处理电路单元）等组成。

1. 机壳

机壳内部装有直流稳压电源、振荡信号板等。

2. 机头（传感器安装平台）

机头由悬臂双平行梁和振动台组成，如图 0-1 所示。

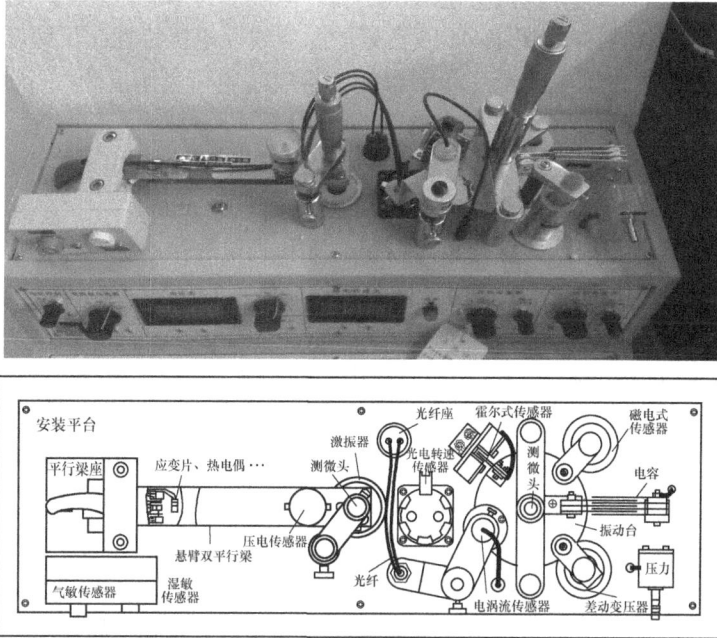

图 0-1　机头

（1）悬臂双平行梁（应变梁）。在双平行梁的上、下梁片表面粘贴了应变片，封装了 PN 结、NTC 热敏电阻 R_T、热电偶、加热器。在梁的自由端安装了压电传感器、测微头和激振器（磁钢、激振线圈）。调节测微头可产生力和位移，做静态实验。激振器用于激励双平行梁振动，做动态实验。

（2）振动台。在振动台的周围安装了光电转速传感器、电涡流传感器、光纤传感器、差动变压器、压阻式压力传感器、电容式传感器、磁电式传感器、霍尔式传感器。在振动台的下方安装了激振器（磁钢、激振线圈）。在振动台的上方安装了测微头。

3．显示面板

显示面板由主电源单元、电机控制单元、直流稳压电源单元、F/V 表（电压表）单元、PC 接口单元、电流表（频率/转速表）单元、音频振荡器单元、低频振荡器单元、±15V 电源单元等组成。

4．调理电路面板

调理电路面板由传感器输出单元、副电源、电桥、差动放大器、电容变换器、电压放大器、移相器、相敏检波器、电荷放大器、低通滤波器、涡流变换器等组成。

0.2　主要技术参数、性能及说明

0.2.1　传感器（机头）部分

（1）电阻应变片：电阻值 350Ω 左右，应变系数为 2。

（2）热电偶：直流电阻 10Ω 左右（由两个串接而成），分度号为 T，冷端为环境温度。

（3）热敏电阻：NTC 半导体热敏电阻，25℃时电阻值为 10kΩ 左右。

（4）PN 结温度传感器：利用 1N4148 良好的温度线性电压特性；灵敏度为–2.1mV/℃。

（5）压电传感器：由压电陶瓷片和铜质量块构成，电荷灵敏度为 20pc/g（1pc≈3.0857× 10^{16}m）。

（6）光电转速传感器：透射式光耦合器（光电断续器），TTL 电平输出。

（7）电涡流传感器：直流电阻为 1.6～2Ω，位移量程≥1mm。

（8）光纤传感器：由半圆双 D 分布的多模光纤和光电变换座构成，位移量程≥1mm。

（9）差动变压器：由一个一次绕组、两个二次绕组（自感式）和铁心构成；每个绕组的直流电阻为 5～10Ω；音频为 3～5kHz，电压峰峰值（V_{p-p}）为 2V 激励；位移量程≥±4mm。

（10）压阻式压力传感器：V_s^+-V_s^- 端的直流电阻约为 4.7kΩ，V_o^+-V_o^- 端的直流电阻约为 7kΩ 左右；4V 直流电源供电；量程为 20kPa。

（11）电容式传感器：由两组定片和一组动片构成差动变面积电容，位移量程≥±2mm。

（12）磁电式传感器：由线圈和动铁构成，直流电阻为 30～40Ω，灵敏度为 500mV/（m/s）。

（13）霍尔式传感器：霍尔片置于环形磁钢产生的梯度磁场中构成位移传感器；传感器激励端口的直流电阻为 800Ω～1.5kΩ，输出端口的直流电阻为 400～600Ω；位移量程≥1mm。

（14）气敏传感器：酒精敏感型，TP-3 集成半导体气敏传感器，测量范围为 50～500ppm。

（15）湿敏传感器：电阻型，阻值变化为几千欧至几兆欧不等，测量范围为 30%～90%相对湿度。

（16）激振线圈：振动激振器，直流电阻为 30～40Ω。

（17）光电变换座：由红外发射、接收管构成，是光纤传感器的组件之一。

（18）其他：25mm 测微头、加热器、光源、光敏电阻、光敏二极管、光敏晶体管、硅光电池、光电开关。

0.2.2　显示面板部分

显示面板如图 0-2 所示。

1．线性直流稳压电源

（1）±2～±10V 分五挡步进调节输出，最大输出电流为 1A，纹波≤5mV。

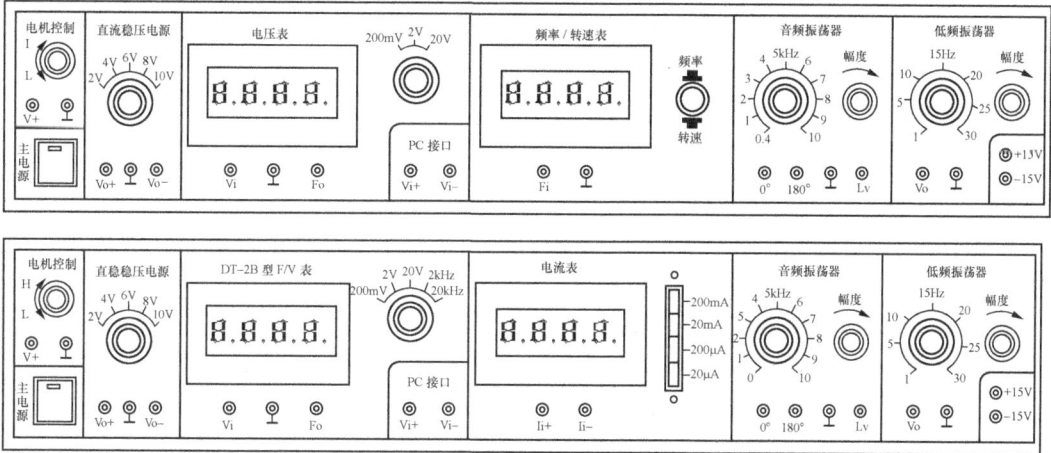

图 0-2　显示面板

（2）±15V 定电压输出，最大输出电流为 1A，纹波≤10mV。

2．显示表

（1）三位半数字直流 F/V（频率/电压）表：五挡（200mV、2V、20V、2kHz、20kHz）切换，精度为±［（0.2%）+2 个数字］。

（2）四位频率/转速表：频率/转速切换，频率量程为 9999Hz，转速量程为 5000r/min。

（3）三位半数字直流电流表：四挡量程（200mA、20mA、200μA、20μA）切换，精度为±［（0.2%）+2 个数字］。

3．振荡信号

（1）音频振荡器：频率 0.4～10kHz 连续可调输出，幅度 $20V_{p-p}$ 连续可调输出，两个输出相位 0°（Lv 端）、180°，Lv 端最大输出电流为 0.5A。

（2）低频振荡器：频率 3～30Hz 连续可调输出，幅度 $20V_{p-p}$ 连续可调输出，最大输出电流为 0.5A。

0.2.3　调理电路面板

调理电路面板如图 0-3 所示。

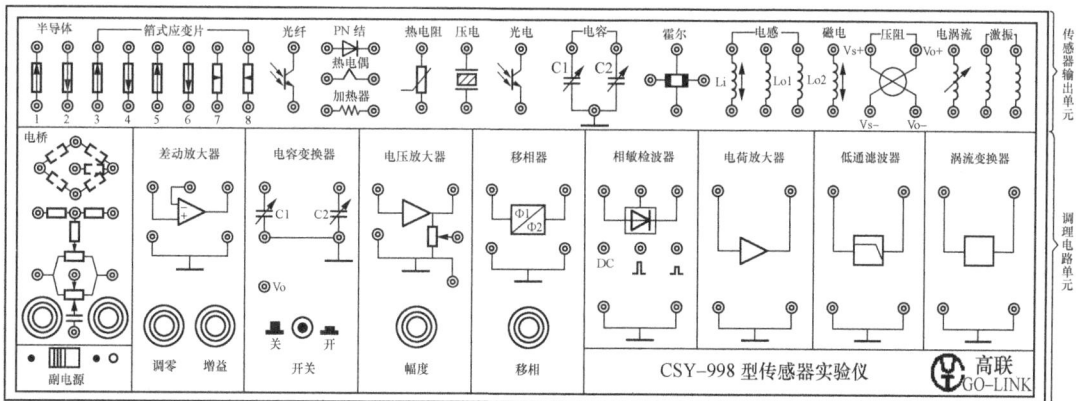

图 0-3　调理电路面板

（1）传感器输出单元。传感器输出单元如图 0-3 所示。注意，根据型号不同有差异，以具体型号的实物为准。

（2）调理电路单元。调理电路单元如图 0-3 所示。

1）电桥：由电桥模型、电桥调平衡网络组成。组成直流电桥时，该部分作为应变片、热电阻的变换电路；组成交流电桥时，该部分作为调制器。

2）差动放大器：可接成同相、反相、差分放大器，通频带为 0～10kHz，增益为 1～101 倍可调。

3）电容变换器：差动式电容传感器的调理电路，由高频振荡器、放大器、二极管环形充放电电路组成。

4）电压放大器：同相输入放大器，通频带为 0～10kHz，幅度最大时增益约为 6 倍。

5）移相器：移相≥20°，允许最大输入电压峰峰值 V_{p-p} 为 10V，在解调电路中用于补偿信号的相位。

6）相敏检波器：由整形电路与电子开关电路构成的检波电路，允许最大输入检波信号峰峰值 V_{p-p} 为 10V，通频带为 0～10kHz。

7）电荷放大器：电容反馈型放大器，用于放大压电传感器的输出信号。

8）低通滤波器：由 50Hz 的陷波器与低通 RC 滤波器构成。转折频率为 35Hz 左右。

9）涡流变换器：是涡流传感器的调理电路，涡流线圈是振荡电路中的电感元件之一，变频调幅式电路。

0.2.4　实验仪供电与尺寸

供电：AC220V，50Hz，功率 0.2kW。

实验仪尺寸：520mm×400mm×400mm。

实验 1　应变片单臂特性实验

1.1　实　验　目　的

（1）了解电阻应变片的工作原理与应用。
（2）掌握应变片测量电路。

1.2　基　本　原　理

电阻应变式传感器是在弹性元件上通过特定工艺粘贴电阻应变片而组成的，是一种利用电阻材料的应变效应将工程结构件的内部变形转换为电阻变化的传感器。此类传感器主要通过一定的机械装置将被测量转化成弹性元件的变形，然后由电阻应变片将变形转换成电阻的变化，再通过测量电路将电阻的变化转换成电压或电流变化信号输出。此类传感器可用于能转化成变形的各种非电物理量的检测，如力、压力、加速度、力矩、重力等，在机械加工、计量、建筑测量等行业应用十分广泛。

1.2.1　应变片的电阻应变效应

具有规则外形的金属导体或半导体材料在外力作用下产生应变，而其电阻值也会产生相应的改变，这一物理现象称为电阻应变效应。以圆柱形导体为例，设其长为 L，半径为 r，材料的电阻率为 ρ，根据电阻的定义式得

$$R = \rho \frac{L}{A} = \rho \frac{1}{\pi r^2} \tag{1-1}$$

当导体因某种原因产生应变时，其长度 L、断面面积 A 和电阻率 ρ 的变化分别为 $\mathrm{d}L$、$\mathrm{d}A$、$\mathrm{d}\rho$，相应的电阻变化为 $\mathrm{d}R$。对式（1-1）进行全微分运算得电阻变化率 $\mathrm{d}R/R$ 为

$$\frac{\mathrm{d}R}{R} = \frac{\mathrm{d}L}{L} - 2\frac{\mathrm{d}r}{r} + \frac{\mathrm{d}\rho}{\rho} \tag{1-2}$$

式中　$\mathrm{d}L/L$——导体的轴向应变量 ε_L；
　　　$\mathrm{d}r/r$——导体的横向应变量 ε_r。
由材料力学知

$$\varepsilon_\mathrm{L} = -\mu\varepsilon_\mathrm{r} \tag{1-3}$$

式中　μ——材料的泊松比，大多数金属材料的泊松比为 $0.3 \sim 0.5$。
负号表示两者的变化方向相反。
将式（1-3）代入式（1-2），得

$$\frac{\mathrm{d}R}{R} = (1 + 2\mu)\varepsilon + \frac{\mathrm{d}\rho}{\rho} \tag{1-4}$$

式（1-4）说明电阻应变效应主要取决于其几何应变（几何效应）和本身特有的导电性能（压阻效应）。

1.2.2　应变灵敏度

应变灵敏度指电阻应变片在单位应变作用下所产生的电阻的相对变化量。

1. 金属导体的应变灵敏度

金属导体的应变灵敏度 K 主要取决于其几何效应，可取

$$\frac{\mathrm{d}R}{R} \approx (1+2\mu)\varepsilon_{\mathrm{L}} \tag{1-5}$$

其灵敏度系数为

$$K = \frac{\mathrm{d}R}{\varepsilon_{\mathrm{L}}} = 1+2\mu$$

金属导体受到应变作用产生电阻的变化，拉伸时电阻增大，压缩时电阻减小，且与其轴向应变成正比。金属导体的电阻应变灵敏度一般为 2 左右。

2. 半导体的应变灵敏度

半导体的应变灵敏度主要取决于其压阻效应，有

$$\frac{\mathrm{d}R}{R} < \approx \frac{\mathrm{d}\rho}{\rho}$$

半导体材料之所以具有较大的电阻变化率，是因为它具有比金属导体显著得多的压阻效应。当半导体受力变形时，晶体结构的对称性暂时改变，导致半导体的导电机理改变，使得它的电阻率发生变化，这种物理现象称为半导体的压阻效应。不同材质的半导体材料在不同受力条件下产生的压阻效应不同，可以是正（使电阻增大）的或负（使电阻减小）的压阻效应。也就是说，同样是拉伸变形，不同材质的半导体的电阻变化效果不同。

半导体材料的电阻应变效应主要体现为压阻效应，可正可负，与材料性质和应变方向有关，其灵敏度系数较大，一般为 100～200。

3. 应变片结构

（1）贴片式应变片。贴片式半导体应变片（温漂，稳定性、线性度不好且易损坏）很少应用。一般半导体应变片采用 N 型单晶硅做为传感器的弹性元件，在它上面直接蒸镀扩散出半导体电阻应变薄膜（敏感栅），制成扩散型压阻式（压阻效应）传感器。

（2）金属箔式应变片。贴片式工艺的传感器普遍应用金属箔式应变片。应变片是在苯酚、环氧树脂等绝缘材料的基板上，粘贴直径为 0.025mm 左右的金属丝或金属箔制成的，如图 1-1 所示。

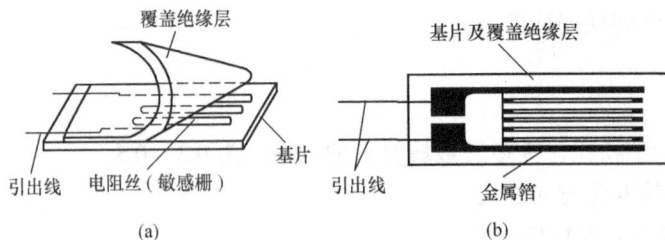

图 1-1　应变片结构图

（a）丝式应变片；（b）箔式应变片

金属箔式应变片是通过光刻、腐蚀等工艺制成的应变敏感元件，与丝式应变片的工作原理相同。电阻丝在外力作用下发生机械变形时，其电阻值发生变化，即电阻应变效应，描述

电阻应变效应的关系式为

$$\frac{\Delta R}{R}=K\varepsilon$$

式中　$\Delta R/R$——电阻丝电阻相对变化；

　　　　K——应变灵敏度系数；

　　　　ε——电阻丝长度相对变化，$\varepsilon=\Delta L/L$。

4. 测量电路

为了将电阻应变式传感器的电阻变化转换成电压或电流信号，在应用中一般采用电桥电路作为其测量电路。电桥电路具有结构简单、灵敏度高、测量范围宽、线性度好且易实现温度补偿等优点，能较好地满足各种应变测量要求，因此在应变测量中得到广泛的应用。

电桥电路按其工作方式分单臂、半桥（又称双臂）和全桥三种。其中，单臂电桥电路的输出信号最小，线性、稳定性较差；半桥电桥电路的输出信号是单臂电桥电路的两倍，性能比单臂电桥电路有所改善；全桥电桥电路的输出信号是单臂电桥电路的四倍，性能最好。因此，为了得到较大的输出信号，一般采用半桥电桥电路或全桥电桥电路。基本电路如图 1-2 所示。

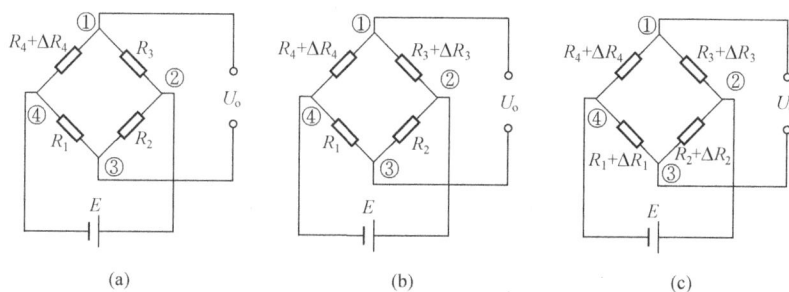

图 1-2　应变片测量电路

（a）单臂电桥电路；（b）半桥电桥电路；（c）全桥电桥电路

下面以图 1-2 所示的电路为例分析测量电路。

（1）单臂电桥电路。如图 1-2（a）所示，有

$$
\begin{aligned}
U_o &= U_1 - U_3 \\
&= \left(\frac{R_4 + \Delta R_4}{R_4 + \Delta R_4 + R_3} - \frac{R_1}{R_1 + R_2} \right) E \\
&= \frac{(R_1 + R_2)(R_4 + \Delta R_4) - R_1(R_3 + R_4 + \Delta R_4)}{(R_3 + R_4 + \Delta R_4)(R_1 + R_2)} E
\end{aligned}
\tag{1-6}
$$

设 $R_1=R_2=R_3=R_4$，且 $\Delta R_4/R_4=\Delta R/R \ll 1$，$\Delta R/R=K\varepsilon$，则

$$U_o \approx \frac{\Delta R_4 E}{4R_4} = \frac{\Delta R E}{4R} = \frac{K\varepsilon E}{4} \tag{1-7}$$

（2）半桥（双臂）电桥电路。如图 1-2（b）所示，同理有

$$U_o \approx \frac{\Delta R E}{2R} = \frac{K\varepsilon E}{2}$$

（3）全桥电桥电路。如图 1-2（c）所示，同理有

$$U_o \approx \frac{\Delta R E}{R} = K\varepsilon E \tag{1-8}$$

5. 箔式应变片单臂电桥实验原理

箔式应变片单臂电桥实验原理如图1-3所示。

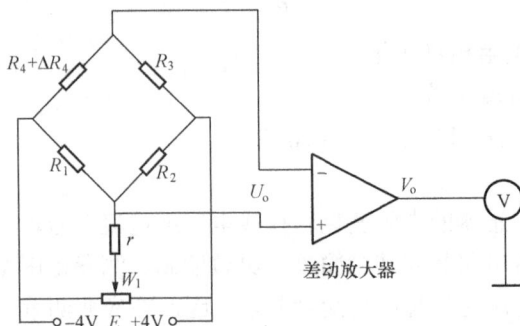

图1-3　应变片单臂电桥实验原理

在图1-3中，R_1、R_2、R_3为350Ω固定电阻，R_4为应变片；W_1和r组成电桥调平衡网络，供桥电源直流±4V。桥路输出电压为

$$U_o = \frac{1}{4}\frac{\Delta R_4}{R_4}E = \frac{1}{4}\frac{\Delta R}{R}E = \frac{1}{4}K\varepsilon E$$

1.3　需用器件与单元

机头中的应变梁的应变片、测微头；显示面板中的 F/V 表（或电压表）、±2～±10V 步进可调直流稳压电源；调理电路面板中传感器输出单元中的箔式应变片、调理电路单元中的电桥、差动放大器；$4\frac{1}{2}$ 位数显万用表（自备）。

1.4　需用器件与单元介绍

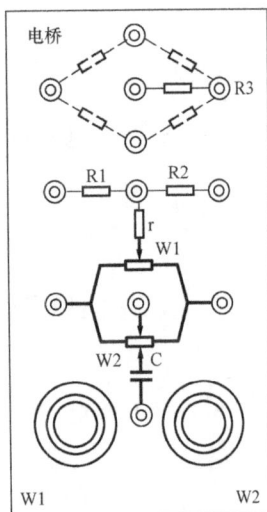

图1-4　电桥面板图

（1）图1-4所示为调理电路面板中的电桥单元。其中：

1）菱形虚框为无实体的电桥模型（为实验者组桥参考而设，无其他实际意义）。

2）$R_1=R_2=R_3=350\Omega$ 是固定电阻，为组成单臂应变和半桥应变而配备的其他桥臂电阻。

3）W_1 电位器、r 电阻为电桥直流调节平衡网络，W_2 电位器、C 电容为电桥交流调节平衡网络。

（2）图1-5所示为差动放大器原理图与调理电路中的差动放大器单元面板。其中，A 为差动放大器。

（3）测微头的组成与使用。测微头组成和读数如图1-6所示。

测微头在实验中是用来产生位移并指示位移量的工具。测微头由不可动部分中的安装套（应变梁的测微头无安装套）、轴套和可动部分中的测杆、微分筒、微调钮组成。

测微头的安装套便于在支架座上固定安装，轴套上的主尺有两排刻度线，标有数字的是整毫米刻线（1mm/格），另一排是半毫米刻线（0.5mm/格）；微分筒前部圆周表面上刻有 50 等分的刻线（0.01mm/格）。

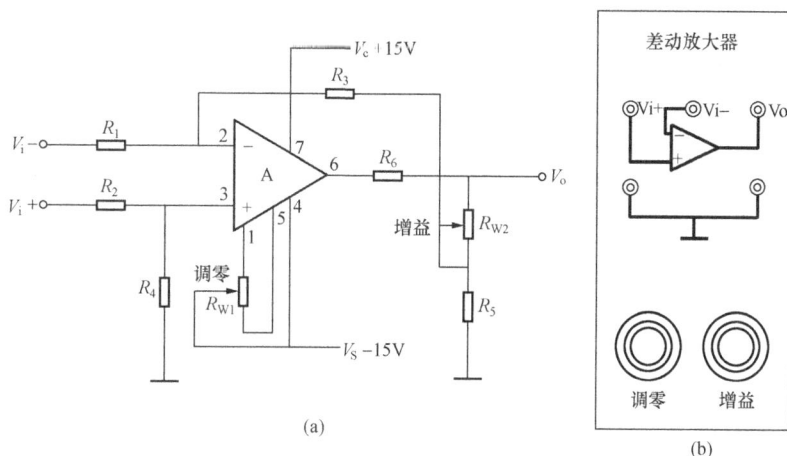

图 1-5　差动放大器原理与面板

（a）原理图；（b）差动放大器单元面板

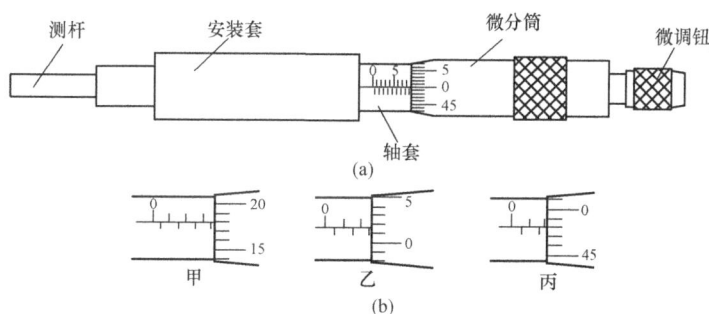

图 1-6　测微头组成与读数

（a）测微头组成；（b）读数

用手旋转微分筒或微调钮时，测杆沿轴线方向进退。微分筒每转过 1 格，测杆沿轴方向移动微小位移 0.01mm，也叫做测微头的分度值。

测微头的读数方法：先读轴套主尺上露出的刻度数值，注意半毫米刻线；再读与主尺横线对准微分筒上的数值，可以估读 1/10 分度，如图 1-6（b）所示，甲读数为 3.678mm，不是 3.178mm；遇到微分筒边缘前端与主尺上某条刻线重合时，应看微分筒的示值是否过零，如图 1-6（b）所示，乙已过零则读数为 2.514mm，丙未过零则读数不为 2mm，而是 1.980mm。

测微头的使用方法：一般测微头在使用前，首先转动微分筒到 10mm 处（为了保留测杆轴向前、后位移的余量），再将测微头轴套上的主尺横线面向自己安装到专用支架座上，移动测微头的安装套（测微头整体移动）使测杆与被测体靠磁力连接，并使被测体处于合适位置（视具体实验而定）时再拧紧支架座上的紧固螺钉。当转动测微头的微分筒时，被测体就会跟随测微头的测杆而发生位移。

1.5　实　验　步　骤

1.5.1　测量应变片阻值

在应变梁自然状态（不受力）下，用 $4\frac{1}{2}$ 位数显万用表 2kΩ 电阻挡测量所有应变片阻值。

在应变梁受力状态（用手压、提梁的自由端）下，测量应变片阻值，观察应变片阻值的变化情况（标有上下箭头的四片应变片纵向受力，阻值有变化；标有左右箭头的两片应变片横向受力，阻值无变化，是温度补偿片），如图 1-7 所示。

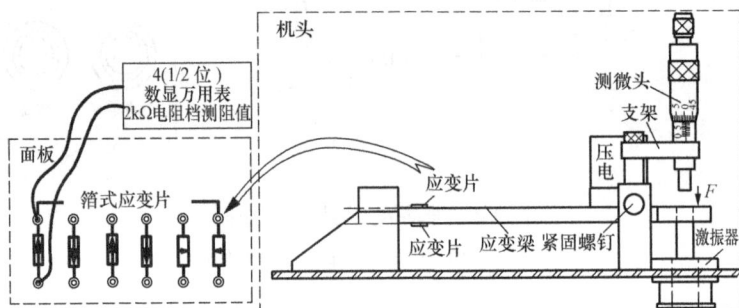

图 1-7　观察应变片阻值变化情况示意

1.5.2　差动放大器调零点

按图 1-8 所示接线。将 F/V 表（或电压表）的量程切换到 2V 挡，合上主、副电源开关，将差动放大器的增益电位器按顺时针方向轻轻转到底后再逆向回转一点（放大器的增益为最大，回转一点是因为电位器触点在根部可能会导致接触不良），调节差动放大器的调零电位器，使电压表显示电压为零。差动放大器的零点调节完成，关闭主电源。

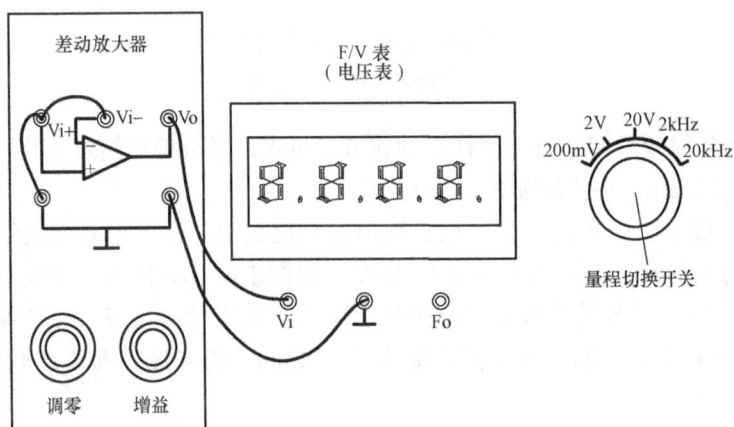

图 1-8　差动放大器调零接线

1.5.3　应变片单臂电桥特性实验

（1）将 ±2～±10V 步进可调直流稳压电源切换到 4V 挡，将主板上传感器输出单元中的箔式应变片（标有上下箭头的四片应变片中任意一片为工作片）与电桥单元中 R_1、R_2、R_3 组成电桥电路，电桥的一对角接±4V 直流电源，另一对角作为电桥的输出接差动放大器的二输入端，将 W_1 电位器、r 电阻直流调节平衡网络接入电桥中（W_1 电位器二固定端接电桥的±4V 电源端，W_1 的活动端 r 电阻接电桥的输出端），如图 1-9 所示。

（2）检查接线无误后，合上主电源开关，当机头上应变梁白由端的测微头离开自由端时（梁处于自然状态，如图 1-7 所示的机头），调节电桥的直流调节平衡网络 W_1 电位器，使电压表显示为 0 或接近 0。

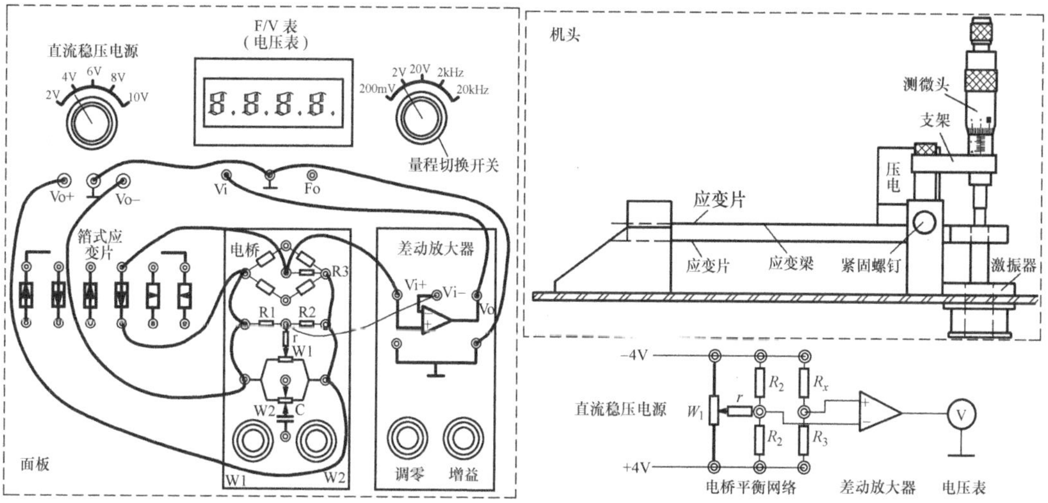

图 1-9   应变片单臂电桥特性实验原理与接线示意

（3）在测微头吸合梁的自由端前调节测微头的微分筒，使测微头的读数为 10mm 左右（测微头微分筒的 0 刻度线与测微头轴套的 10mm 刻度线对准）；再松开测微头支架轴套的紧固螺钉，调节测微头支架高度使梁吸合后进一步调节支架高度，同时观察电压表显示绝对值尽量为最小时固定测微头支架高度（拧紧紧固螺钉，如图 1-9 所示的机头）。仔细微调测微头的微分筒使电压表显示值为 0（梁不受力，处于自然状态机械零点），这时测微头刻度线位置作为梁位移的相对 0 位位移点。首先确定位移方向，每调节测微头的微分筒一周产生 0.5mm 位移，根据表 1-1 所示位移数据依次增加 0.5mm，并将读取的电压值填入表 1-1 中；然后反方向调节测微头的微分筒，每退一周记录一次电压值，直至梁回到机械零点，然后再下降，而后再上升，回到零点，位移数据每变化 0.5mm 读取相应的电压值，并填入表 1-1 中。注意：调节测微头要仔细，微分筒每转一周 ΔX 为 0.5mm。如果调节过量再回调，则会产生回程差。

表 1-1   应变片单臂电桥特性实验数据

位移（mm）	0	+0.5	+1.0	+1.5	+2.0	+2.5	+3.0	+3.5	+4.0
从 0 到+4mm 上升过程（mV）									
从+4mm 到 0 下降过程（mV）									
位移（mm）	0	−0.5	−1.0	−1.5	−2.0	−2.5	−3.0	−3.5	−4.0
从 0 到-4mm 下降过程（mV）									

位移（mm）	0	−0.5	−1.0	−1.5	−2.0	−2.5	−3.0	−3.5	−4.0
从-4mm 到 0 上升过程（mV）									

（4）根据表 1-1 所示数据绘制实验曲线并计算灵敏度 $S=\Delta V/\Delta X$（ΔV 为输出电压变化量，ΔX 为位移变化量）和非线性误差 δ（用最小二乘法），其中

$$\delta=\Delta m/yFS\times100\%$$

式中　Δm ——输出值（多次测量时为平均值）与拟合直线的最大偏差；

y、F、S——均为满量程输出平均值，此处为相对总位移量。

实验完毕，关闭电源。

实验 2　应变片半桥特性实验

2.1　实　验　目　的

了解应变片半桥（双臂）工作特点及性能。

2.2　基　本　原　理

应变片基本原理参阅实验 1。应变片半桥特性实验原理如图 2-1 所示。不同受力方向的两片应变片（上、下两片梁的应变片应力方向不同）接入电桥作为邻边，输出灵敏度提高，非线性特性得到改善。其桥路输出电压为

$$U_{\text{o}} = \frac{1}{2}\frac{\Delta R}{R}E = \frac{1}{2}K\varepsilon E$$

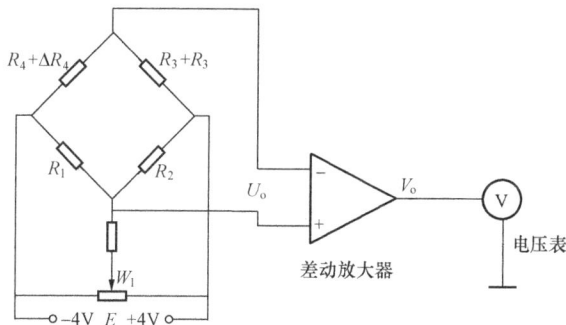

图 2-1　应变片半桥特性实验原理

2.3　需　用　器　件　与　单　元

机头中的应变梁的应变片、测微头；显示面板中的 F/V 表（或电压表）、±2～±10V 步进可调直流稳压电源；调理电路面板中传感器输出单元中的箔式应变片，调理电路单元中的电桥、差动放大器。

2.4　实　验　步　骤

除实验接线按图 2-2 接线（电桥单元中 R_1、R_2 与相邻的两片应变片组成电桥电路）外，实验步骤和实验数据处理方法与实验 1 相同。将数据填入表 2-1。实验完毕，关闭电源。

表 2-1 应变片半桥电桥特性实验数据

位移（mm）	0	+0.5	+1.0	+1.5	+2.0	+2.5	+3.0	+3.5	+4.0
从 0 到+4mm 上升过程（mV）									
从+4mm 到 0 下降过程（mV）									
位移（mm）	0	−0.5	−1.0	−1.5	−2.0	−2.5	−3.0	−3.5	−4.0
从 0 到−4mm 下降过程（mV）									
从−4mm 到 0 上升过程（mV）									

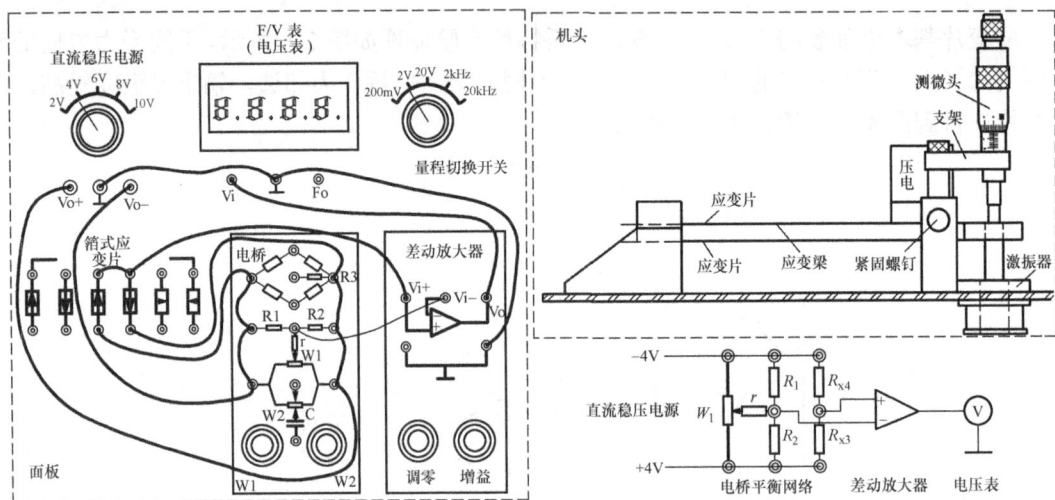

图 2-2 应变片半桥实验原理与接线示意

实验 3　应变片全桥特性实验

3.1　实　验　目　的

了解应变片全桥工作特点及性能。

3.2　基　本　原　理

应变片基本原理参阅实验 1。应变片全桥特性实验原理如图 3-1 所示。在应变片全桥测量电路中，将受力方向相同的两片应变片接入电桥对边，相反的应变片接入电桥邻边。当应变片初始阻值 $R_1=R_2=R_3=R_4$，其变化值 $\Delta R_1=\Delta R_2=\Delta R_3=\Delta R_4$ 时，其桥路输出电压为

$$U_o = \frac{\Delta R}{R}E = K\varepsilon E$$

其输出灵敏度比半桥测量提高了一倍，非线性特性得到改善。

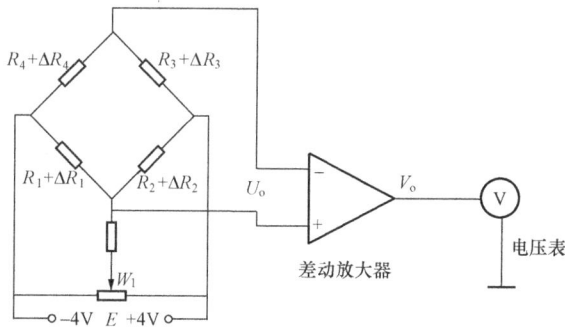

图 3-1　应变片全桥特性实验原理

3.3　需 用 器 件 与 单 元

机头中的应变梁的应变片、测微头；显示面板中的 F/V 表（或电压表）、±2～±10V 步进可调直流稳压电源；调理电路面板中传感器输出单元中的箔式应变片，调理电路单元中的电桥、差动放大器。

3.4　实　验　步　骤

除实验接线按图 3-2 接线（四片应变片组成电桥电路）外，实验步骤和实验数据处理方

法与实验 1 完全相同。将数据填入表 3-1。实验完毕，关闭电源。

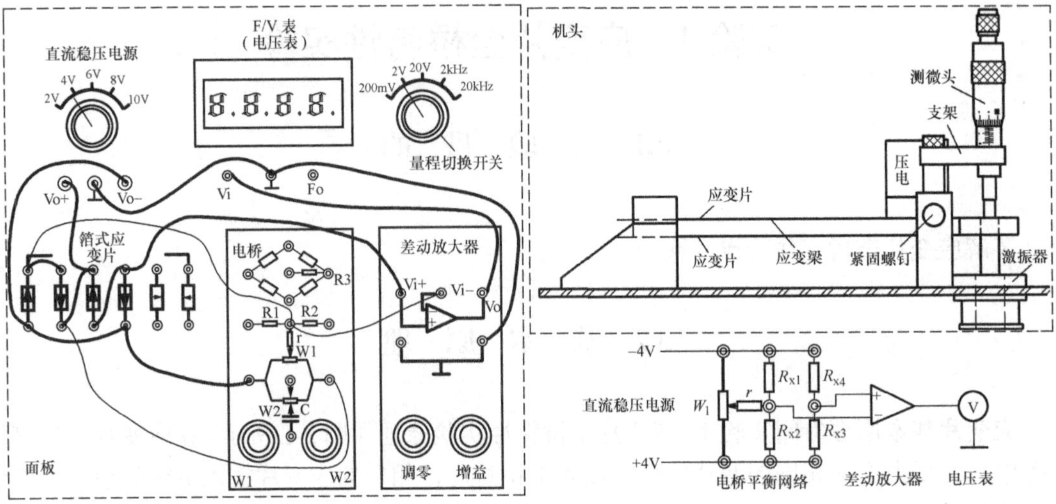

图 3-2　应变片全桥特性实验原理与接线示意

表 3-1　　　　　　　　　　　　　应变片半桥电桥特性实验数据

位移（mm）	0	+0.5	+1.0	+1.5	+2.0	+2.5	+3.0	+3.5	+4.0
从 0 到+4mm 上升过程（mV）									
从+4mm 到 0 下降过程（mV）									
位移（mm）	0	−0.5	−1.0	−1.5	−2.0	−2.5	−3.0	−3.5	−4.0
从 0 到-4mm 下降过程（mV）									
从-4mm 到 0 上升过程（mV）									

实验4 应变片的温度影响实验

4.1 实 验 目 的

了解温度对应变片测试系统的影响。

4.2 基 本 原 理

电阻应变片的温度影响主要来自两个方面：
（1）敏感栅丝的温度系数。
（2）应变栅的线膨胀系数与弹性体（或被测试件）的线膨胀系数不一致会产生附加应变。
因此，当温度变化时，在被测体受力状态不变时，输出会有变化。

4.3 需用器件与单元

机头中的应变梁的应变片、加热器；显示面板中的 F/V 表（或电压表）、±2～±10V 步进可调直流稳压电源、–15V 电源；调理电路面板中传感器输出单元中的箔式应变片、加热器，调理电路单元中的电桥、差动放大器。

4.4 实 验 步 骤

（1）按实验 1 实验步骤调试、进行。调节测微头使梁的自由端产生较大位移（如表 1-1 中绝对值最大位移处）时读取并记录电压表的显示值为 U_{o1}，并且继续保持此状态不变。

（2）将显示面板中的–15V 电源与调理电路面板中传感器输出单元中的加热器相连，使加热器对应变片施热，如图 4-1 所示。数分钟后待数显表电压显示基本稳定后，记下读数 U_{ot}，则 $U_{ot} - U_{o1}$ 即为温度变化的影响。计算这一温度变化产生的相对误差：

$$\delta = \frac{U_{ot} - U_{o1}}{U_{o1}} \times 100\%$$

实验完毕，关闭电源。

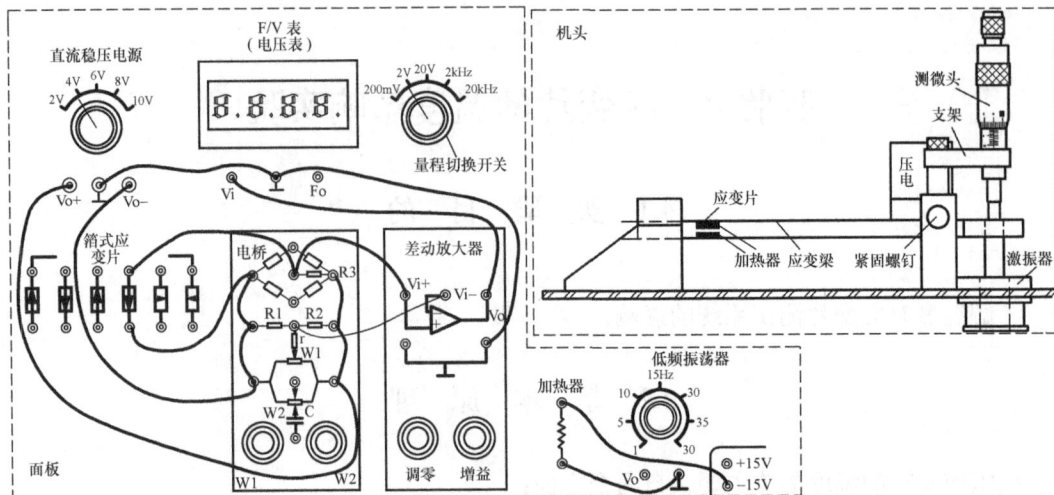

图 4-1　应变片温度影响实验接线示意

实验 5　应变片温度补偿实验

5.1　实　验　目　的

了解温度对应变片测试系统的影响及补偿方法。

5.2　基　本　原　理

已知温度的变化对应变片是有影响的。当两片完全相同的应变片处于同一温度场时，温度的影响是相同的，将实验 4 中的 R_3 换成温度补偿应变片并与固定电阻 R_1、R_2 组成电桥测量电路，从理论上来可以消除温度的影响。

5.3　需用器件与单元

机头中的应变梁的应变片、加热器；显示面板中的 F/V 表（或电压表）、±2～±10V 步进可调直流稳压电源、−15V 电源；调理电路面板中传感器输出单元中的箔式应变片、加热器，调理电路单元中的电桥、差动放大器。

5.4　实　验　步　骤

温度补偿实验接线示意如图 5-1 所示，按实验 4 的步骤和方法实验。与实验 4 的唯一区别是，用带横向箭头的补偿应变片替换桥路中的固定电阻 R_3。比较实验 4 和实验 5 的结果。实验完毕，关闭电源。

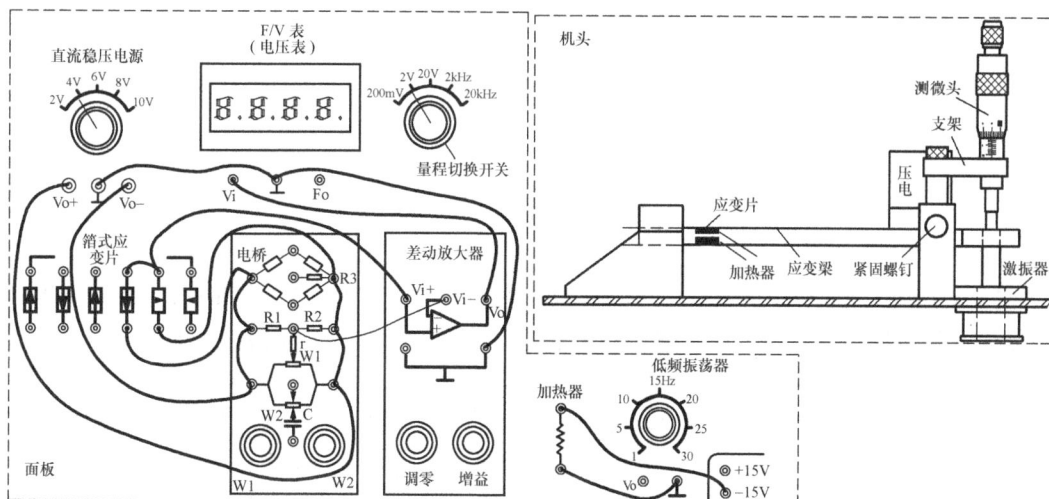

图 5-1　应变片温度补偿实验接线示意

实验6 应变直流全桥的应用——电子秤实验

6.1 实 验 目 的

了解应变直流全桥的应用及电路的标定。

6.2 基 本 原 理

常用的称重传感器应用了箔式应变片及其全桥测量电路。数字电子秤实验原理如图 6-1 所示。本实验只做放大器输出 V_o 实验,通过对电路的标定使电路输出的电压值为质量对应值。将电压量纲(V)转变为质量量纲(g)即为一台原始电子秤的基本作用。

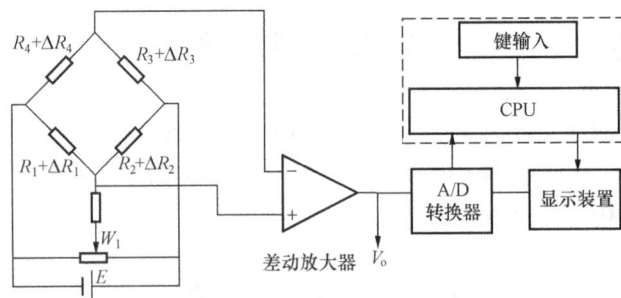

图 6-1 数字电子秤实验原理

6.3 需用器件与单元

机头中的应变梁的应变片;显示面板中的 F/V 表(或电压表)、±2~±10V 步进可调直流稳压电源;调理电路面板中传感器输出单元中的箔式应变片,调理电路单元中的电桥、差动放大器;砝码(20g/只)。

6.4 实 验 步 骤

(1)差动放大器调零点。按图 6-2 所示接线。将 F/V 表(或电压表)的量程切换到 2V 挡,合上主、副电源开关,将差动放大器的增益电位器按顺时针方向轻轻转到底后再逆向回转一点,调节差动放大器的调零电位器,使电压表显示电压为零。差动放大器的零点调节完成,断开主电源。

(2)将±2~±10V 步进可调直流稳压电源切换到 4V 挡,按图 6-3 接线,检查接线无误后,合上主电源开关。在梁的自由端无砝码时,调节电桥中的 W_1 电位器,使数显表显示为 0V。将 10 只砝码全部置于梁的自由端上(尽量放在中心点),调节差动放大器的增益电位器,使数显表显示为 0.2V(2V 挡测量)或–0.200V。

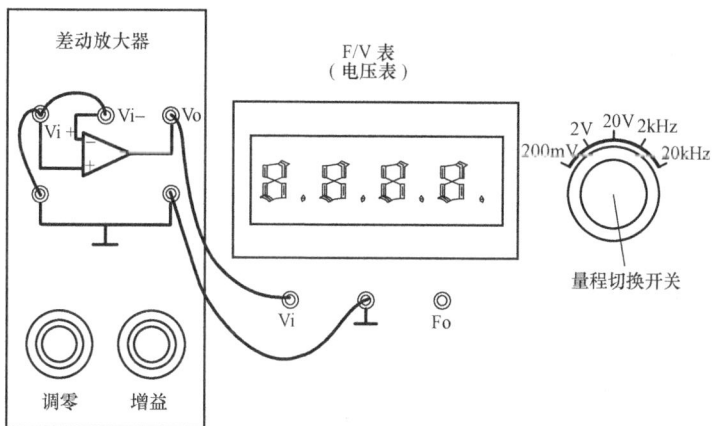

图 6-2　差放调零接线

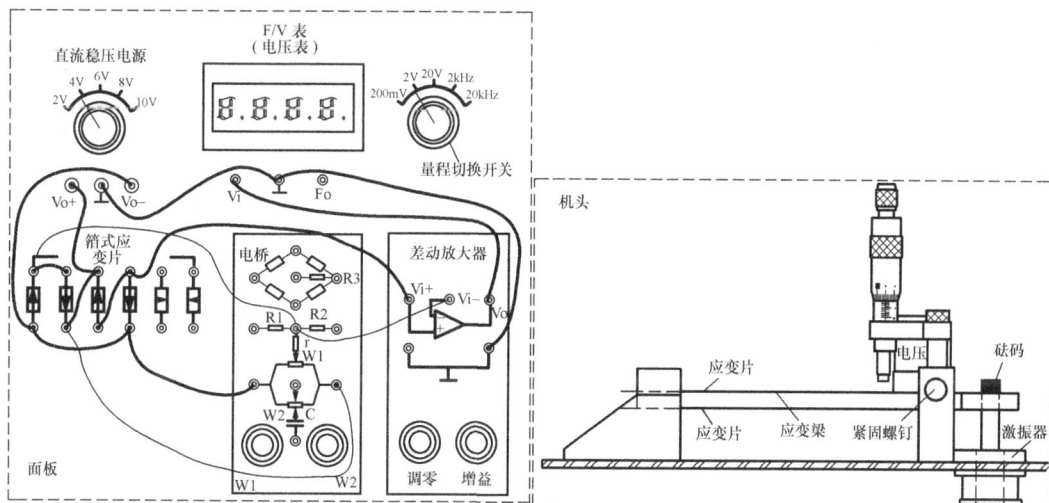

图 6-3　电子秤实验接线示意

（3）拿去梁自由端上的所有砝码，如数显表不显示 0.000V 则调节差动放大器的调零电位器，使数显表显示为 0V。再将 10 只砝码全部置于振动台上（尽量放在中心点），调节差动放大器的增益电位器，使数显表显示为 0.2V（2V 挡测量）或−0.200V。

（4）重复步骤（3）的标定过程，一直到误差较小为止，把电压量纲（V）改为质量纲（g），就可以称重，实现电子秤功能。

（5）把砝码依次放在梁的自由端上，并依次记录质量和电压数据并填入表 6-1。

（6）根据数据绘制实验曲线，计算误差与线性度。

表 6-1　　　　　　　　　　　　　电 子 秤 实 验 数 据

质量（g）										
砝码增加过程的电压（mV）										
砝码减少过程的电压（mV）										

（7）在梁的自由端上放上笔、钥匙等小物件称一下质量。实验完毕，关闭电源。

实验 7 移相器、相敏检波器实验

7.1 实 验 目 的

了解移相器、相敏检波器的工作原理。

7.2 基 本 原 理

1. 移相器的工作原理

移相器电路原理与调理电路中的移相器单元面板如图 7-1 所示。

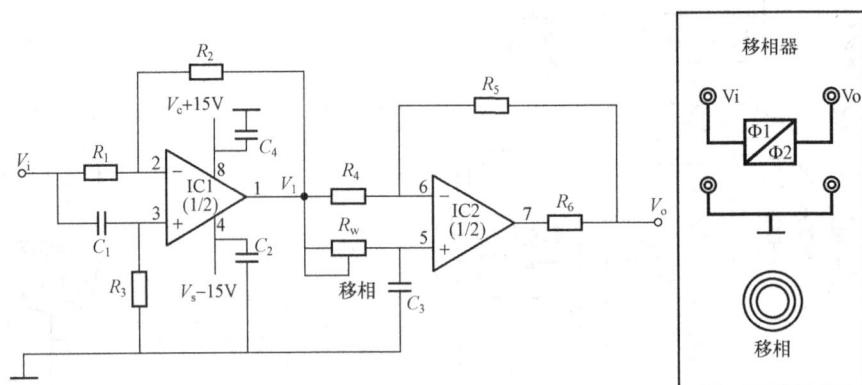

图 7-1 移相器原理与面板

在图 7-1 中，IC1、R_1、R_2、R_3、C_1 构成一阶移相器（超前），在 $R_2=R_1$ 的条件下，其幅频特性和相频特性分别表示为

$$K_{F1}(j\omega) = \frac{V_i}{V_1} = -\frac{1 - j\omega R_3 C_1}{1 + j\omega R_3 C_1}$$

$$K_{F1}(\omega) = 1$$

$$\Phi_{F1}(\omega) = -\pi - 2\arctan(\omega R_3 C_1)$$

$$\omega = 2\pi f$$

式中 f——输入信号频率。

同理由 IC2、R_4、R_5、R_w、C_3 构成另一个一阶移相器（滞后），在 $R_5=R_4$ 条件下的特性分别为

$$K_{F2}(j\omega) = \frac{V_o}{V_1} = -\frac{1 - j\omega R_w C_3}{1 + j\omega R_w C_3}$$

$$K_{F2}(\omega) = 1$$

$$\Phi_{F2}(\omega) = -\pi - 2\arctan(\omega R_w C_3)$$

　　由此可见，根据幅频特性公式，移相前后的信号幅值相等。根据相频特性公式，相移角度的大小和信号频率 f 及电路中阻容元件的数值有关。显然，当移相电位器 $R_w=0$ 时，Φ_{F2} 为 0，因此 Φ_{F1} 决定图 7-1 所示的二阶移相器的初始移相角，即

$$\Phi_F=\Phi_{F1}=-\pi-2\arctan（\omega R_3C_1）$$

　　若调整移相电位器 R_w，则相应的移相范围为

$$\Delta\Phi_F=\Phi_{F1}-\Phi_{F2}=-2\arctan（\omega R_3C_1）+2\arctan（\omega\Delta R_wC_3）$$

　　已知 $R_3=10k\Omega$，$C_1=6800p$，$\Delta R_w=10k\Omega$，$C_3=0.022\mu F$，如果输入信号频率 f 一旦确定，则可计算出图 7-1 所示二阶移相器的初始移相角和移相范围。

　　2. 相敏检波器的工作原理

　　相敏检波器（开关式）原理与调理电路中的相敏检波器面板如图 7-2 所示。在图 7-2 中，AC 为交流参考电压输入端，DC 为直流参考电压输入端，V_i 端为检波信号输入端，V_o 端为检波输出端。

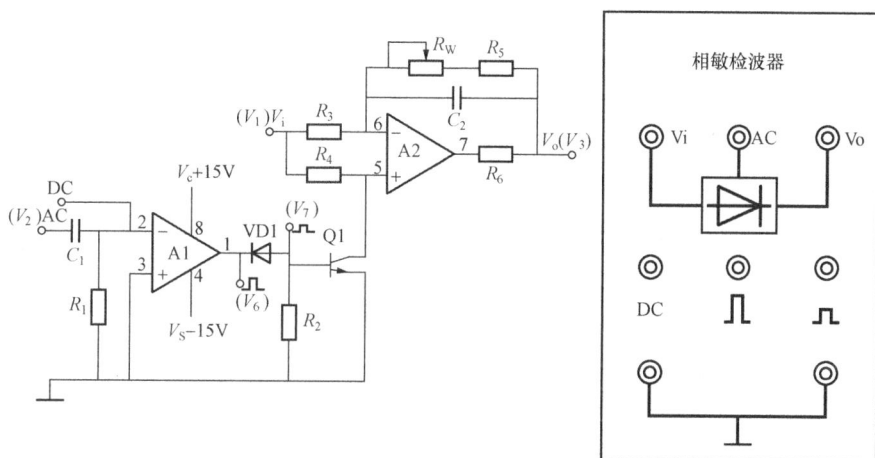

图 7-2　相敏检波器原理与面板

　　原理图中各元器件的作用：C1 为交流耦合电容，可隔离直流；A1 为反相过零比较器，将参考电压正弦波转换成矩形波（开关波+14～-14V）；VD1 为二极管，箝位得到合适的开关波形；$V_7\leqslant0V$（-14～0V），为电子开关 Q1 提供合适的工作点；Q1 是结型场效应管，工作在开或关的状态；A2 工作在反相器或跟随器状态；R_6 为限流电阻，起保护集成块作用。

　　关键点：Q1 是由参考电压 V_7 矩形波控制的开关电路。当 $V_7=0V$ 时，Q1 导通，使 A2 的同相输入 5 端接地成为倒相器，即 $V_3=-V_1$（$V_o=-V_i$）；当 $V_7<0V$ 时，Q1 截止（相当于 A2 的 5 端接地断开），A2 成为跟随器，即 $V_3=V_1$（$V_o=V_i$）。相敏检波器具有鉴相特性，输出波形 V_3 的变化由检波信号 V_1（V_i）与参考电压波形 V_2（AC）之间的相位决定。图 7-3 所示为相敏检波器的工作时序。

7.3　需用器件与单元

　　显示面板中的±2～±10V 步进可调直流稳压电源、音频振荡器；调理电路面板中的移相器、相敏检波器单元；双踪示波器（自备）。

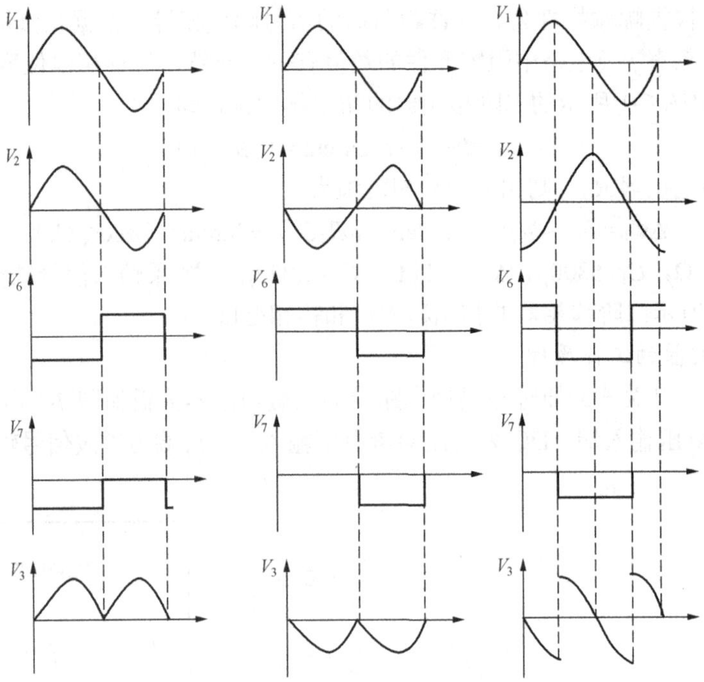

图 7-3　相敏检波器工作时序

7.4　实　验　步　骤

1. 移相器实验

（1）调节显示面板中的音频振荡器的幅度为最小（幅度旋钮逆时针轻轻转到底），按图 7-4 接线，检查接线无误后，合上主、副电源开关，调节音频振荡器的频率为 $f=1\text{kHz}$，幅度适中（$2\text{V} \leqslant V_{\text{p-p}} \leqslant 8\text{V}$）。

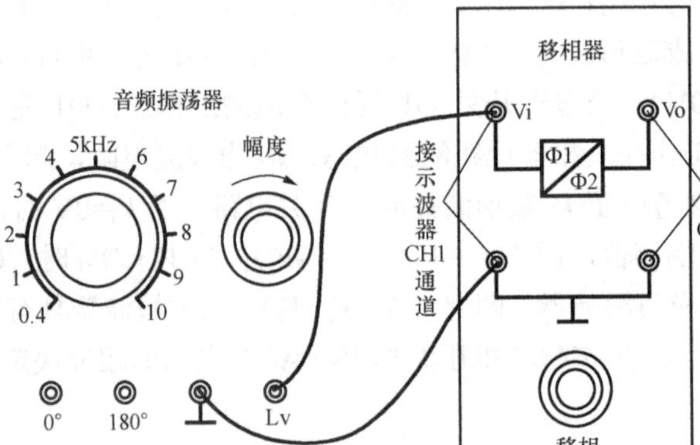

图 7-4　移相器实验接线示意

（2）正确设置双线（双踪）示波器的触发方式及其他设置（TIME/DIV 在 0.5～0.1ms 范围内选择，VOLTS/DIV 在 1～5V 范围内选择）。

（3）调节移相器的移相电位器，变化范围为 0（逆时针旋转到底）～10kΩ（顺时针旋转到底），用示波器可测定移相器的初始移相角（$\Phi_F = \Phi_{F1}$）和移相范围 $\Delta\Phi_F$。

（4）改变输入信号频率，调节移相电位器，观察相应的移相变化。测试完毕，关闭主电源。

2．相敏检波器实验

（1）将显示面板中的 ±2～±10V 步进可调直流稳压电源切换到 2V 挡，调节显示面板中的音频振荡器的幅度为最小（幅度旋钮逆时针轻轻转到底），再按图 7-5 接线。检查接线无误后合上主电源开关，调节音频振荡器频率 $f = 5$kHz 左右，幅度 $V_{p\text{-}p} = 5$V。结合相敏检波器的原理图和工作原理，观察、分析相敏检波器的输入、输出波形关系。

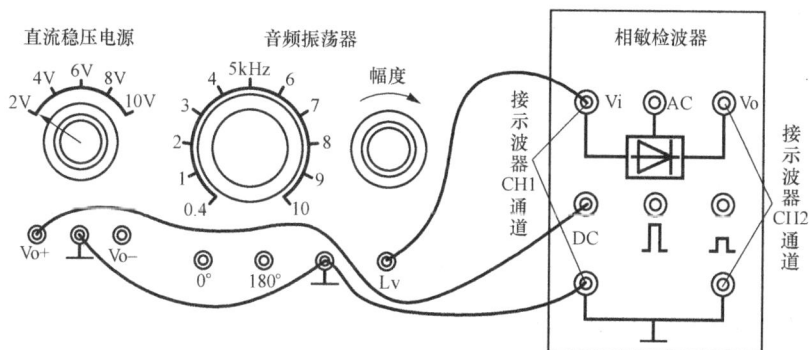

图 7-5　相敏检波器跟随、倒相实验接线示意

（2）将相敏检波器的 DC 参考电压改接到 –2V（V_{o-}），观察相敏检波器的输入、输出波形关系。关闭主电源。

（3）按图 7-6 接线，合上主电源开关，分别调节移相电位器和音频信号幅度，结合相敏检波器的原理图和工作原理，观察、分析相敏检波器的输入、输出波形关系。

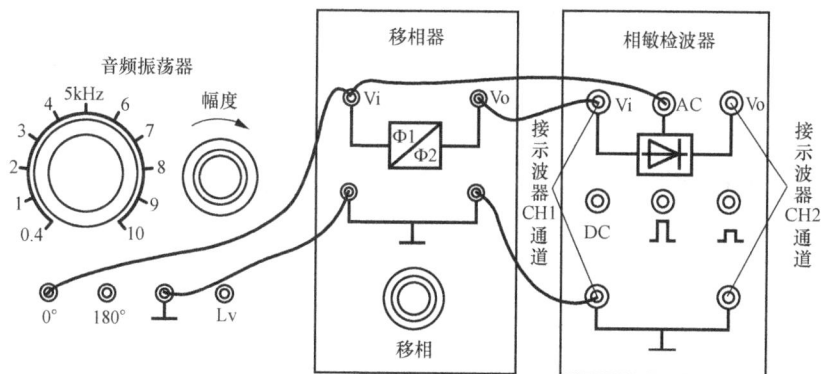

图 7-6　相敏检波器检波实验

（4）将相敏检波器的 AC 参考电压改接到 180°，分别调节移相电位器和音频信号幅度，观察相敏检波器的输入、输出波形关系。

（5）绘制相敏检波器检波实验的工作时序波形图，实验完毕，关闭主、副电源。

实验 8 应变片交流全桥的应用（应变仪）
——振动测量实验

8.1 实 验 目 的

了解利用应变交流电桥测量振动的原理与方法。

8.2 基 本 原 理

应变片测振动的实验原理如图 8-1 所示。粘贴在应变梁上的应变片组成交流电桥，当应变梁的自由端受到振动信号 $F(t)$ 作用而振动时，粘贴在应变梁上的应变片产生相应的应变信号 dR/R，应变信号 dR/R 由振荡器提供的载波信号 $y(t)$ 经交流电桥调制成微弱调幅波，再经差动放大器放大为 $u_1(t)$，$u_1(t)$ 经相敏检波器检波解调为 $u_2(t)$，$u_2(t)$ 经低通滤波器滤除高频载波成分后输出应变片检测到的振动信号 $u_3(t)$（调幅波的包络线），最后显示器显示 $u_3(t)$。在图 8-1 中，交流电桥是一个调制电路，W_1、r、W_2、C 是交流电桥的平衡调节网络，移相器为相敏检波器提供同步检波的参考电压 $y(t)$。这也是实际应用中的动态应变仪原理。

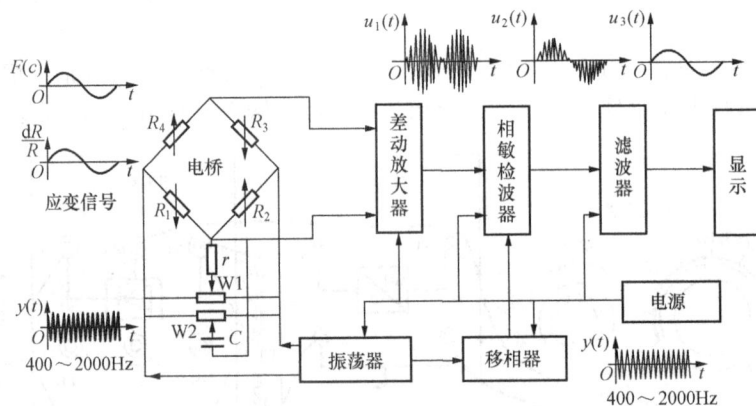

图 8-1 应变仪实验原理

8.3 需 用 器 件 与 单 元

机头中的应变梁、激振器；显示面板中的音频振荡器、低频振荡器；调理电路面板中传感器输出单元中的箔式应变、激振；调理电路面板中的电桥、差动放大器、移相器、相敏检波器、低通滤波器；双踪示波器（自备）。

8.4　实　验　步　骤

（1）调整测微头远离应变梁的自由端，不能妨碍自由端的上下运动。调节显示面板中的音频振荡器、低频振荡器的幅度为最小（幅度按钮逆时针轻轻转到底），按图 8-2 接线。检查接线无误后，合上主、副电源开关。正确设置示波器的触发方式及其他设置（TIME/DIV 在 0.1～0.5ms 范围内选择，VOLTS/DIV 在 2～5V 范围内选择）。设置仅供参考，具体要根据示波器与被测信号选择合适的功能挡位设置。监测音频振荡器的频率和幅值，调节音频振荡器的频率使 Lv 输出 1kHz 左右，幅度（峰峰值）调节到 $10V_{p-p}$ 的供桥电压。

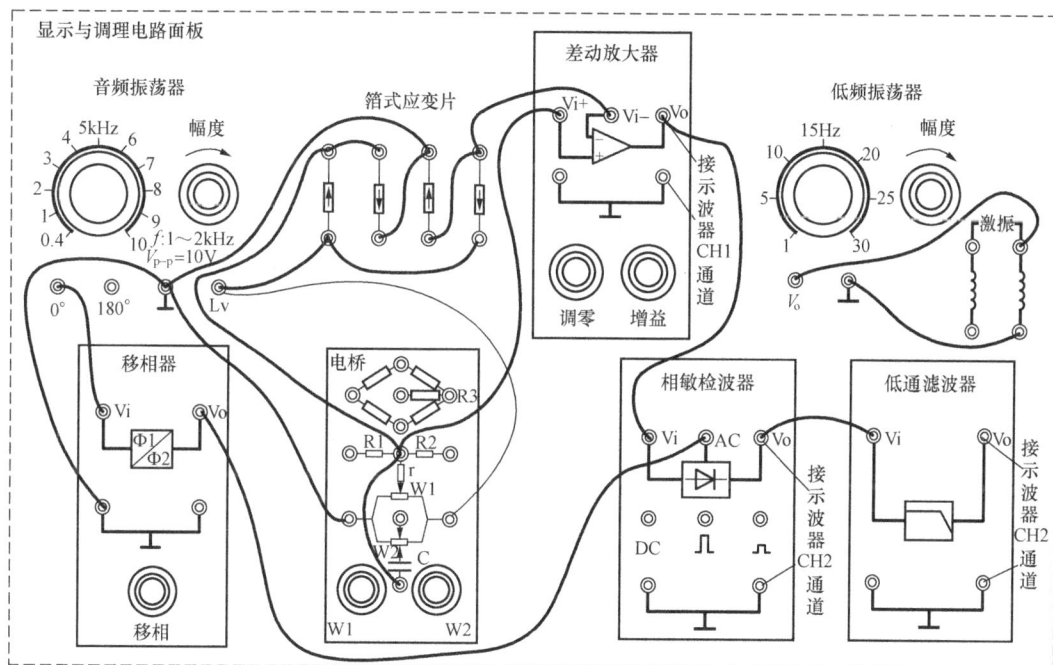

图 8-2　应变片振动测量实验接线

（2）调整好各环节、各单元电路，调整如下：

1）将差动放大器增益旋钮顺时针缓慢转到底（增益为 101 倍），再逆时针回转一点（防止电位器的可调触点在极限端点位置接触不良）。用示波器［正确设置示波器的触发方式及其他设置（TIME/DIV 在 0.1～0.5ms 范围内选择，VOLTS/DIV 在 0.2～50mV 范围内选择）］观察相敏检波器的输出波形，用手往下压住应变梁的自由端（应变梁的自由端向下产生较大位移）的同时调节移相器的移相电位器，使示波器输出的波形为一个全波整流波形（如相邻波形的谷底基准有高低可调节差动放大器的调零电位器）。

2）释放应变梁的自由端（自由端处于自然状态），仔细调节电桥单元中的 W_1 和 W_2（交替调节），使示波器（相敏检波器输出）输出的波形幅值很小，接近为一水平线。

（3）将低频振荡器的频率调到 8～10Hz，调节低频振荡器幅度旋钮，使应变梁的振动较为明显，如果振动不明显再调节频率。注意：低频激振器幅值不要过大，以免应变梁的振幅过大而损坏应变片。正确设置双线（双踪）示波器的触发方式及其他设置（TIME/DIV 在 20～

50ms 范围内选择，VOLTS/DIV 在 0.2～50mV 范围内选择），设置仅供参考，具体要根据示波器与被测信号选择合适的功能挡位设置。观察差动放大器（调幅波）、相敏检波器及低通滤波器（传感器信号）的输出波形。

（4）分别在调节低频振荡器的频率和幅度的同时观察低通滤波器输出波形的周期和幅值的变化情况。实验完毕，关闭主、副电源。

实验 9 压阻式压力传感器的压力测量实验

9.1 实 验 目 的

了解扩散硅压阻式压力传感器测量压力的原理和标定方法。

9.2 基 本 原 理

扩散硅压阻式压力传感器的工作机理是半导体应变片的压阻效应。在半导体受力变形时，晶体结构的对称性暂时改变，导致半导体的导电机理改变，使得它的电阻率发生变化，这种物理现象称为半导体的压阻效应。一般半导体应变片采用 N 型单晶硅为传感器的弹性元件，在它上面直接蒸镀扩散出多个半导体电阻应变薄膜（敏感栅）组成电桥。在压力（压强）作用下弹性元件产生应力，半导体电阻应变薄膜的电阻率产生很大变化，引起电阻的变化，经电桥转换成电压输出，则其输出电压的变化反映所受到的压力变化。压阻式压力传感器的压力测量实验原理如图 9-1 所示。

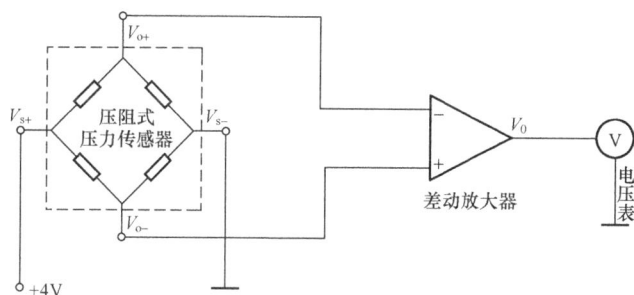

图 9-1 压阻式压力传感器的压力测量实验原理

9.3 需用器件与单元

机头压力传感器；显示面板中的 F/V 表（或电压表）、±2～±10V 步进可调直流稳压电源；调理电路面板中传感器输出单元中的压阻式压力传感器，调理电路单元中的差动放大器；铜三通、引压胶管、手捏气泵、压力表。

9.4 实 验 步 骤

（1）将机头上的压力传感器用铜三通、引压胶管与压力表和手捏气泵连接好，并松开手捏气泵的单向阀，如图 9-2 所示。

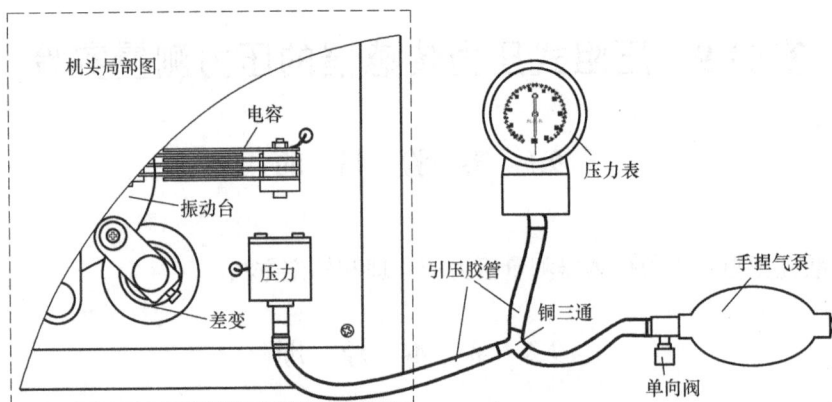

图 9-2　压阻式压力传感器测压实验连接

（2）在显示与调理电路面板上按图 9-3 所示接线。注意：压阻的电源端 V_s 与输出端 V_o 不能接错。将 F/V 表（或电压表）量程切换到 2V 挡，可调直流稳压电源切换到 4V 挡。检查接线无误后合上主、副电源开关，将差动放大器的增益电位器按顺时针方向缓慢转到底后再逆向回转 1/3，调节调零电位器，使电压表显示电压为零。

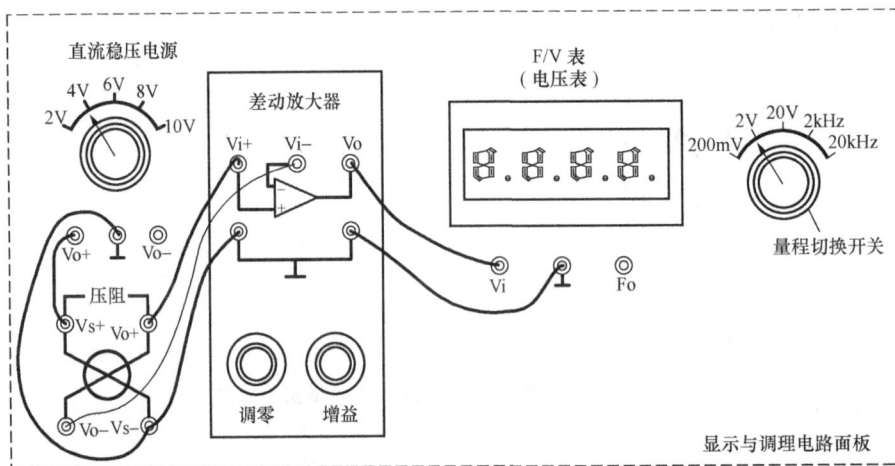

图 9-3　压阻式压力传感器测压实验接线图

（3）锁紧手捏气泵的单向阀，仔细地反复手捏（用力不要过大）气泵并同时观察压力表，压力上升到 4kPa 左右时调节差动放大器的调零电位器，使电压表显示为 0.4V 左右。再仔细地反复手捏气泵，压力上升到 19kPa 左右时调节差动放大器的增益电位器，使电压表显示 1.9V 左右。

（4）仔细地缓慢松开手捏气泵的单向阀，压力慢慢下降到 4kPa 时锁紧气泵的单向阀，调节差动放大器的调零电位器，使电压表显示为 0.4V。再仔细地反复手捏气泵，压力上升到 19kPa 时调节差动放大器的增益电位器，使电压表显示 1.9V。

（5）重复步骤（4），直到认为已足够精度时调节手捏气泵使压力在 3~19kPa 之间变化，每上升 1kPa 气压读取电压表读数，将数值列于表 9-1。

表 9-1 压阻式压力传感器测压实验数据

p（kPa）									
压力上升过程 $V_{o(p-p)}$（V）									
压力下降过程 $V_{o(p-p)}$（V）									

（6）绘制实验曲线，计算本系统的灵敏度和非线性误差。实验完毕，关闭所有电源。

实验 10　电容传感器的位移实验

10.1　实　验　目　的

了解电容传感器的结构及其特点。

10.2　基　本　原　理

（1）原理简述。电容传感器是以各种类型的电容器为传感元件，将被测物理量转换成电容量的变化来实现测量的。电容传感器的输出是电容的变化量。利用电容关系式 $C=\varepsilon A/d$，在 ε、A 和 d 三个参数中，保持两个参数不变，而只改变其中一个参数，通过相应的结构、测量电路及测干燥度（ε 变）、测位移（d 变）和测液位（A 变）等多种电容传感器实现测量。电容传感器极板形状分成平板形、圆板形和圆柱（圆筒）形，虽还有球面形和锯齿形等其他的形状，但一般很少用。本实验采用的传感器为两组静极片与一组动极片组成两个平板式变面积差动结构（两个平板式变面积电容变化量之差 $\Delta C=\Delta C_1-\Delta C_2$）的电容位移传感器（具体平板式变面积电容传感器原理参阅教科书）。差动式传感器一般优于单组（单边）式传感器，它灵敏度高，线性范围宽，稳定性高。

（2）电容变换器原理与调理电路中的电容变换器面板如图 10-1 所示。电容变换器的核心部分是如图 10-2 所示的二极管环形充放电电路。

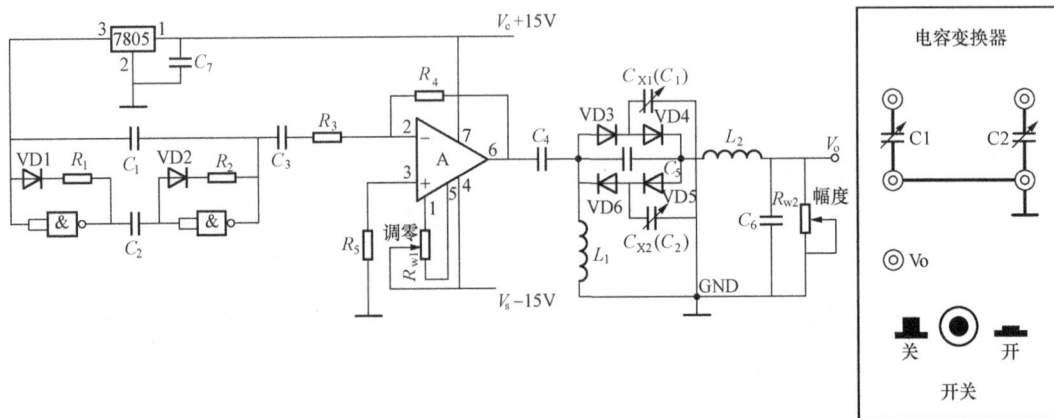

图 10-1　电容变换器原理与面板

在图 10-2 中，环形充放电电路由 VD3、VD4、VD5、VD6 二极管、C_5 电容、L_1 电感和 C_{X1}、C_{X2} 实验差动电容位移传感器组成。

当高频激励电压（$f>100\text{kHz}$）输入到 a 点，由低电平 E_1 跃到高电平 E_2 时，电容 C_{X1} 和 C_{X2} 两端电压均由 E_1 变到 E_2。充电电荷一路由 a 点经 VD3 到 b 点，再对 C_{X1} 充电到 0 点（地）；

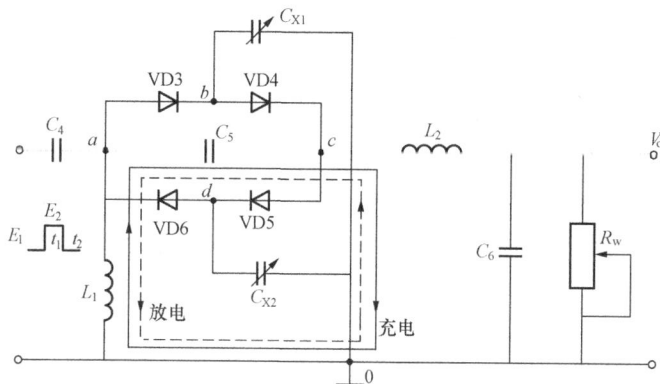

图 10-2 二极管环形充放电电路

另一路由 a 点经 C_5 到 c 点，再经 VD5 到 d 点对 C_{X2} 充电到 0 点。此时，VD4 和 VD6 由于反偏置而截止。在 t_1 充电时间内，由 a 点到 c 点的电荷量为

$$Q_1 = C_{X2}（E_2 - E_1） \tag{10-1}$$

当高频激励电压由高电平 E_2 返回到低电平 E_1 时，电容 C_{X1} 和 C_{X2} 均放电。C_{X1} 经 b 点、VD4、c 点、C_5、a 点、L_1 放电到 0 点；C_{X2} 经 d 点、VD6、L_1 放电到 0 点。在 t_2 放电时间内，由 c 点到 a 点的电荷量为

$$Q_2 = C_{X1}（E_2 - E_1） \tag{10-2}$$

式（10-1）和式（10-2）是在 C_5 电容值远远大于传感器的 C_{X1} 和 C_{X2} 电容值的前提下得到的结果。电容 C_5 的充放电回路如图 10-2 中实线、虚线箭头所示。

在一个充放电周期内（$T = t_1 + t_2$），由 c 点到 a 点的电荷量为

$$Q = Q_2 - Q_1 =（C_{X1} - C_{X2}）（E_2 - E_1）= \Delta C_X \Delta E \tag{10-3}$$

在式（10-3）中，C_{X1} 与 C_{X2} 的变化趋势是相反的（由传感器的结构决定，是差动式）。设激励电压频率 $f = 1/T$，则流过 ac 支路的输出平均电流 i 为

$$i = fQ = f\Delta C_X \Delta E \tag{10-4}$$

式中 ΔE——激励电压幅值；

ΔC_X——传感器的电容变化量。

由式（10-4）式可看出，f、ΔE 一定时，输出平均电流 i 与 ΔC_X 成正比，此输出平均电流 i 经电路中的电感 L_2、电容 C_6 滤波变为直流 I 输出，再经 R_w 转换成电压输出 $V_{o1} = IR_w$。由传感器原理知 ΔC 与 ΔX 位移成正比，所以通过测量电路的输出电压 V_{o1} 就可知 ΔX 位移。

（3）电容位移传感器实验原理框图如图 10-3 所示。

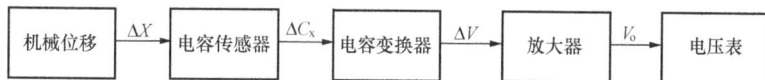

图 10-3 电容位移传感器实验框图

10.3 需用器件与单元

机头中的振动台、测微头、电容传感器；显示面板中的 F/V 表（或电压表）；调理电路面

板中传感器输出单元中的电容，调理电路单元中的电容变换器、电压放大器。

10.4　实　验　步　骤

（1）按图 10-4 接线。调节测微头的微分筒使测微头的测杆端部与振动台吸合，再逆时针调节测微头的微分筒（振动台带动电容传感器的动片阻上升），直到电容传感器的动片组与静片组上沿基本平齐为止，测微头的读数大约为 20mm，作为位移的起始点。

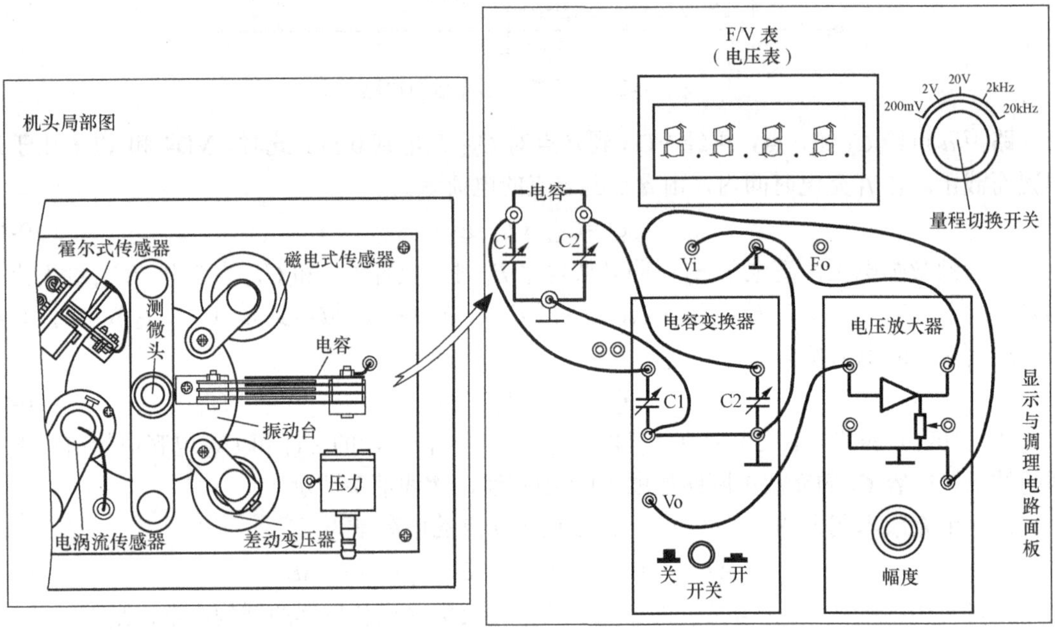

图 10-4　电容传感器位移测量系统接线示意

（2）将显示面板中的 F/V 表（或电压表）的量程切换到 20V 挡，再按下电容变换器的按钮。检查接线无误后，合上主、副电源开关，读取电压表显示值为起始点的电压，填入表 10-1 中。

（3）仔细、缓慢地顺时针调节测微头的微分筒一圈ΔX=0.5mm（不能转动过量，否则回转会引起机械回程差）从 F/V 表（或电压表）上读出相应的电压值，填入表 10-1 中。每调节测微头的微分筒一圈ΔX=0.5mm，读出相应的输出电压，直到电容传感器的动片组与静片组下沿基本平齐为止。

表 10-1　　　　　　　　　　　　　　　电容传感器测位移实验数据

位移（mm）	0	+0.5	+1.0	+1.5	+2.0	+2.5	+3.0	+3.5	+4.0
从 0 到+4mm 上升过程（mV）									
从+4mm 到 0 下降过程（mV）									

续表

位移（mm）	0	−0.5	−1.0	−1.5	−2.0	−2.5	−3.0	−3.5	−4.0
从 0 到−4mm 下降过程（mV）									
从−4mm 到 0 上升过程（mV）									

（4）根据表 10-1 数据绘制 ΔX-V 实验曲线，在实验曲线上截取线性比较好的线段作为测量范围并在测量范围内计算灵敏度 $S=\Delta V/\Delta X$ 与线性度。实验完毕，关闭所有电源开关。

实验 11 差动变压器的性能实验

11.1 实 验 目 的

了解差动变压器的工作原理和特性。

11.2 基 本 原 理

差动变压器的工作原理类似变压器。差动变压器的结构如图 11-1 所示，由一个一次绕组 1 和两个二次绕组 2、3 及一个衔铁 4 组成。差动变压器一、二次绕组间的耦合能随衔铁的移动而变化，即绕组间的互感随被测位移的改变而变化。由于把两个二次绕组反向串接（同名端相接），以差动电势输出，因此把这种传感器称为差动变压器式电感传感器，简称差动变压器。

当差动变压器工作在理想情况下（忽略涡流损耗、磁滞损耗、分布电容等影响），它的等效电路如图 11-2 所示。在图 11-2 中，U_1 为一次绕组激励电压，M_1、M_2 分别为一次绕组与两个二次绕组间的互感，L_1、R_1 分别为一次绕组的电感和有效电阻，L_{21}、L_{22} 分别为两个二次绕组的电感，R_{21}、R_{22} 分别为两个二次绕组的有效电阻。对于差动变压器，当衔铁处于中间位置时，两个二次绕组互感相同，因而由一次侧激励引起的感应电动势相同。由于两个二次绕组反向串接，因此差动输出电动势为零。当衔铁移向二次绕组 L_{21} 时，互感 M_1 大、M_2 小，因而二次绕组 L_{21} 内的感应电动势大于二次绕组 L_{22} 内的感应电动势，这时差动输出电动势不为零。在传感器的量程内，衔铁位移越大，差动输出电动势就越大。同样道理，当衔铁移向二次绕组 L_{22} 时，差动输出电动势仍不为零，但由于移动方向改变，因此输出电动势反相。因此，通过差动变压器输出电动势的大小和相位可以知道衔铁位移量的大小和方向。由图 11-2 可以看出一次绕组的电流为

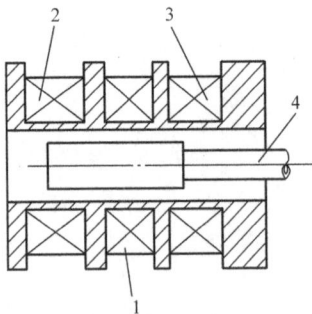

图 11-1 差动变压器的结构示意

1——次绕组；2、3—二次绕组；4—衔铁

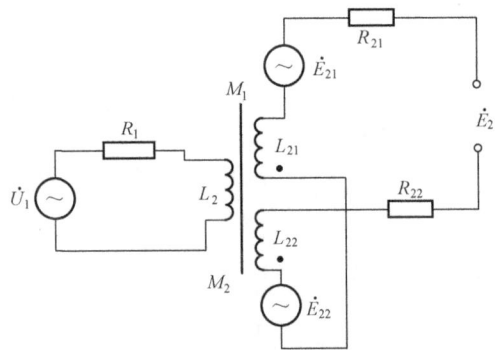

图 11-2 差动变压器的等效电路

$$\dot{I}_1 = \frac{\dot{U}_1}{R_1 + j\omega L_1}$$

二次绕组的感应动势为

$$\dot{E}_{21} = -j\omega M_1 \dot{I}_1$$

$$\dot{E}_{22} = -j\omega M_2 \dot{I}_1$$

由于二次绕组反向串接，所以输出总电动势为

$$\dot{E}_2 = -j\omega\,(M_1 - M_2)\frac{\dot{U}_1}{R_1 + j\omega L_1}$$

其有效值为

$$E_2 = \frac{\omega\,(M_1 - M_2)U_1}{\sqrt{R_1^2 + (\omega L_1)^2}}$$

差动变压器的输出特性曲线如图 11-3 所示。在图 11-3 中，E_{21}、E_{22} 分别为两个二次绕组的输出感应电动势，E_2 为差动输出电动势，x 表示衔铁偏离中心位置的距离。其中，E_2 的实线部分表示理想的输出特性，而虚线部分表示实际的输出特性。E_0 为零点残余电动势，这是由于差动变压器制作上的不对称及铁心位置等因素所造成的。零点残余电动势的存在使得传感器的输出特性在零点附近不灵敏，给测量带来误差，此值的大小是衡量差动变压器性能好坏的重要指标。为了减小零点残余电动势可采取以下方法：

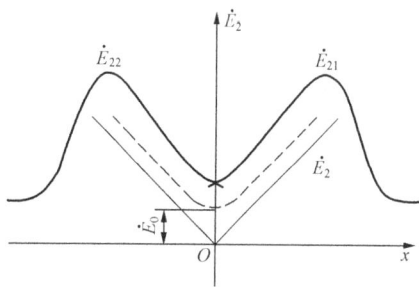

图 11-3　差动变压器输出特性

（1）尽可能保证传感器几何尺寸、线圈电气参数及磁路的对称。磁性材料要经过处理，消除内部的残余应力，使其性能均匀稳定。

（2）选用合适的测量电路，如采用相敏整流电路，既可判别衔铁的移动方向，又可改善输出特性，减小零点残余电动势。

（3）采用补偿线路减小零点残余电动势。图 11-4 所示为其中典型的几种减小零点残余电动势的补偿电路。在差动变压器的线圈中串、并适当数值的电阻、电容元件，当调整 W_1、W_2 时，零点残余电动势减小。

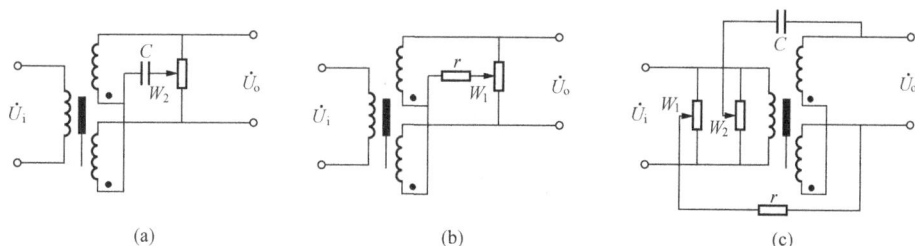

图 11-4　减小零点残余电动势电路

11.3　需用器件与单元

机头中的振动台、测微头、差动变压器；显示面板中的音频振荡器；调理电路面板中传感器输出单元中的电感；双踪示波器（自备）。

11.4　实　验　步　骤

（1）如图 11-5 所示，L_i 为一次绕组，L_{o1}、L_{o2} 为二次绕组，*号为同名端。差动变压器的原理参阅图 11-2。

（2）按图 11-5 接线，差动变压器的一次侧 L_i 的激励电压（不能用直流电压激励）必须从显示面板中音频振荡器的 Lv 端子引入，检查接线无误后合上主电源开关，调节音频振荡器的频率为 3～5kHz 的某一值，利用示波器监测、读数，正确设置双线（双踪）示波器的触发方式及其他设置；调节输出幅度峰峰值为 V_{p-p}=2V（示波器第一通道监测）。

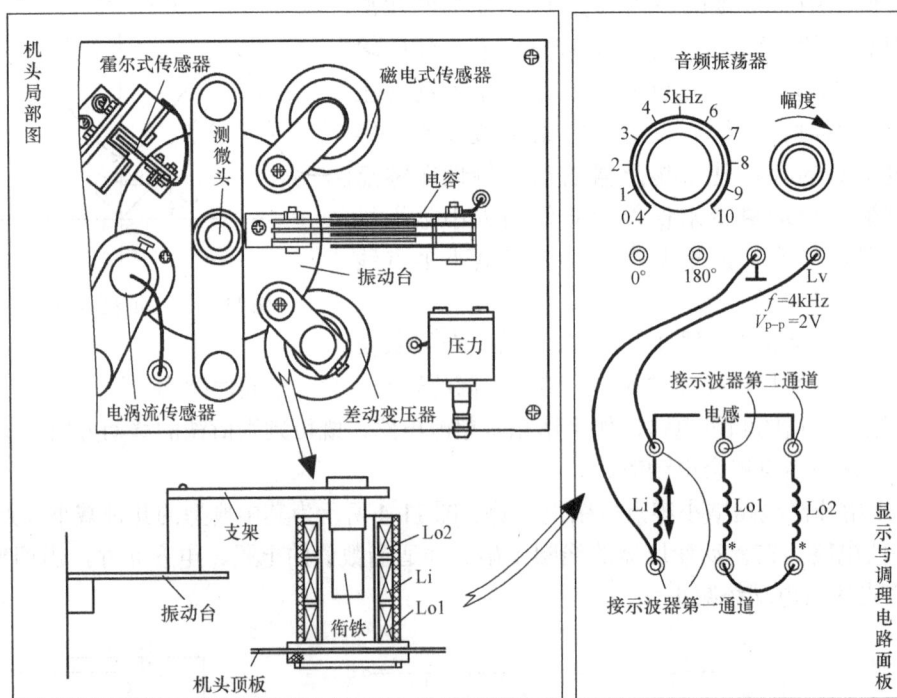

图 11-5　差动变压器性能实验安装、接线示意

（3）差动变压器的性能实验。使用测微头时，若来回调节微分筒使测杆产生位移的过程中本身存在机械回程差，为消除这种机械回差可采用仔细、缓慢地单向调节位移的方法并且不要调节过量。

1）逆时针方向（往上）调节测微头的微分筒（0.01mm/格），使微分筒的 0 刻度线对准轴套的 20mm 刻度线，记录此时示波器［正确设置双线（双踪）示波器的触发方式及其他设置］第二通道显示的波形 V_{p-p}（峰峰值）值为实验起点值并填写在表 11-1 中。

2）顺时针方向（往下）每隔ΔX=0.2mm 调节测微头的微分筒并从示波器上读出相应的电压 V_{p-p} 值（可取 80 个点值，当示波器显示的波形过"零"反相时作为"负"值），填入表 11-1 中（这样单行程位移方向做实验时可以消除测微头的机械回差）。

表 11-1　　　　　　　　　　　　　　　差动变压器性能实验数据

ΔX（mm）										
V_{p-p}（mV）										

（4）根据表 11-1 数据绘制ΔX-V_{p-p}实验曲线并计算差动变压器的零点残余电压大小。实验完毕，关闭电源。

实验 12 激励频率对差动变压器特性的影响实验

12.1 实 验 目 的

了解一次绕组激励频率对差动变压器输出性能的影响。

12.2 基 本 原 理

差动变压器的输出电压的有效值可以近似用以下关系式表示:

$$U_o = \frac{\omega(M_1 - M_2)U_i}{\sqrt{R_p^2 + \omega^2 L_p^2}}$$

式中 L_p、R_p ——一次绕组的电感和损耗电阻;

$\quad\quad$ U_i、ω ——激励电压和频率;

$\quad\quad$ M_1、M_2 ——一次侧与二次侧间的互感系数。

由关系式可以看出,当一次绕组的激励频率太低时,若 $R_p^2 > \omega^2 L_p^2$,则输出电压 U_o 受频率变动影响较大,且灵敏度较低;只有当 $\omega^2 L_p^2 \gg R_p^2$ 时,输出电压 U_o 与 ω 无关,当然 ω 过高会使绕组的寄生电容增大,对性能稳定不利。

12.3 需 用 器 件 与 单 元

机头中的振动台、测微头、差动变压器;显示面板中的音频振荡器;调理电路面板中传感器输出单元中的电感;双踪示波器(自备)。

12.4 实 验 步 骤

(1)按图 11-5 接线。检查接线无误后,合上主电源开关,调节音频振荡器 Lv 输出频率为 1kHz(用示波器监测频率),V_{p-p}=2V(示波器监测)。调节测微头使差动变压器衔铁明显偏离位移中点(示波器监测 V_{p-p} 最小时)位置,即差动变压器有某个较大的 V_{p-p} 输出。

(2)在保持位移量不变的情况下,改变激励电压(音频振荡器)的频率。当频率从 1kHz 变化到 9kHz(激励电压幅值保持 2V 不变)时,测量差动变压器相应输出的 V_{p-p} 值,并填入表 12-1。

表 12-1   差动变压器幅频特性实验数据

f(kHz)	1	2	3	4	5	6	7	8	9
V_{p-p}(mV)									

(3)根据表 12-1 数据绘制幅频(f-V_{p-p})特性曲线。实验完毕,关闭主电源。

实验 13　差动变压器零点残余电压补偿实验

13.1　实　验　目　的

了解差动变压器零点残余电压的概念及补偿方法。

13.2　基　本　原　理

差动变压器二次绕组的等效参数不对称、一次绕组纵向排列的不均匀性、铁心 B-H 特性的非线性等，造成铁心（衔铁）的输出电压并不为零，其最小输出值称为零点残余电压。在实验 11（差动变压器的性能实验）中已经得到了零点残余电压，用差动变压器测量位移应用时一般要对其零点残余电压进行补偿。补偿方法参见实验 11 基本原理。本实验采用补偿线路减小零点残余电压。

13.3　需用器件与单元

机头中的振动台、测微头、差动变压器；显示面板中的音频振荡器；调理电路面板中传感器输出单元中的电感，调理电路面板中的电桥；双踪示波器（自备）。

13.4　实　验　步　骤

（1）差动变压器零点残余电压补偿实验接线如图 13-1 所示。按图 13-1 接线。检查接线无误后，合上主电源开关。调节测微头使差动变压器输出的幅值（示波器测试）最小，再调节电桥单元中的 W_1 与 W_2（二者反复交替调节）使差动变压器输出的幅值（示波器测试）更小。按实验 11 差动变压器的性能实验的步骤（3）实验，绘制 X-V 曲线。

（2）比较实验 11 与实验 13 的实验结果。实验完毕，关闭电源。

说明：调理电路面板上的电桥单元是通用单元，不是差动变压器补偿专用单元，因而补偿电路中的 r、c 元件的参数值不是最佳设计值，会影响补偿效果。但只要通过实验理解补偿概念及方法就达到了教学目的。

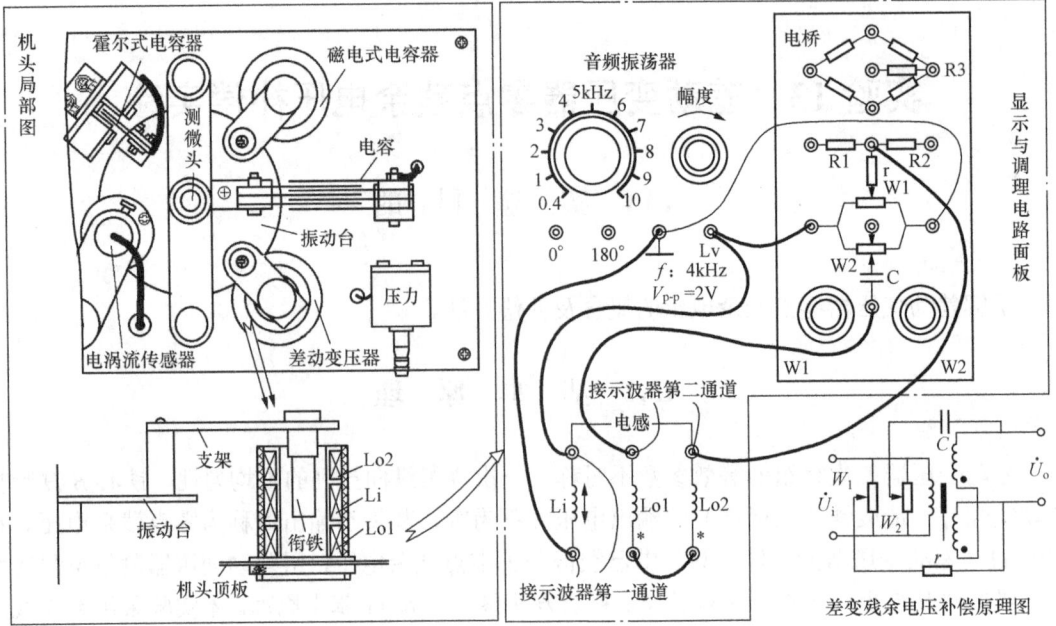

图 13-1 零点残余电压补偿实验接线示意

实验 14 差动变压器测位移实验

14.1 实 验 目 的

了解差动变压器测位移时的应用方法。

14.2 基 本 原 理

差动变压器的工作原理参阅实验 11 差动变压器的性能实验。应用差动变压器时，要想法消除零点残余电动势和死区，选用合适的测量电路（如采用相敏检波电路），既可判别衔铁移动（位移）方向又可改善输出特性，消除测量范围内的死区。差动变压器测位移原理如图 14-1 所示。

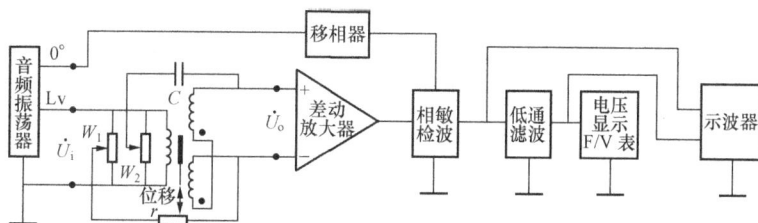

图 14-1 差动变压器测位移原理

14.3 需 用 器 件 与 单 元

机头中的振动台、测微头、差动变压器；显示面板中的 F/V 表（或电压表）、音频振荡器；调理电路面板中传感器输出单元中的电感，调理电路面板中的电桥、差动放大器、移相器、相敏检波器、低通滤波器；双踪示波器（自备）。

14.4 实 验 步 骤

（1）按图 14-2 接线。

（2）将音频振荡器幅度调节到最小（幅度旋钮逆时针轻转到底），将电压表（F/V 表）的量程切换到 2V 挡。检查接线无误后，合上主、副电源开关。调节音频振荡器（用示波器监测），频率 f=5kHz，幅值 V_{p-p}=2V。

（3）调整差动放大器增益。将差动放大器增益旋钮顺时针缓慢转到底，再逆时针回转 1/2。

（4）调节测微头到 15mm 处，差动变压器衔铁明显偏离位移中点位置后，调节移相器的移相旋钮，使相敏检波器输出为全波整流波形（示波器监测），如相邻波形谷底不在同一水平线上，则调节差动放大器的调零旋钮，使相邻波形谷底在同一水平线上。再仔细调节测微头，使相敏检波器的输出波形幅值的绝对值尽量最小（衔铁处在一次绕组的中点位置）。

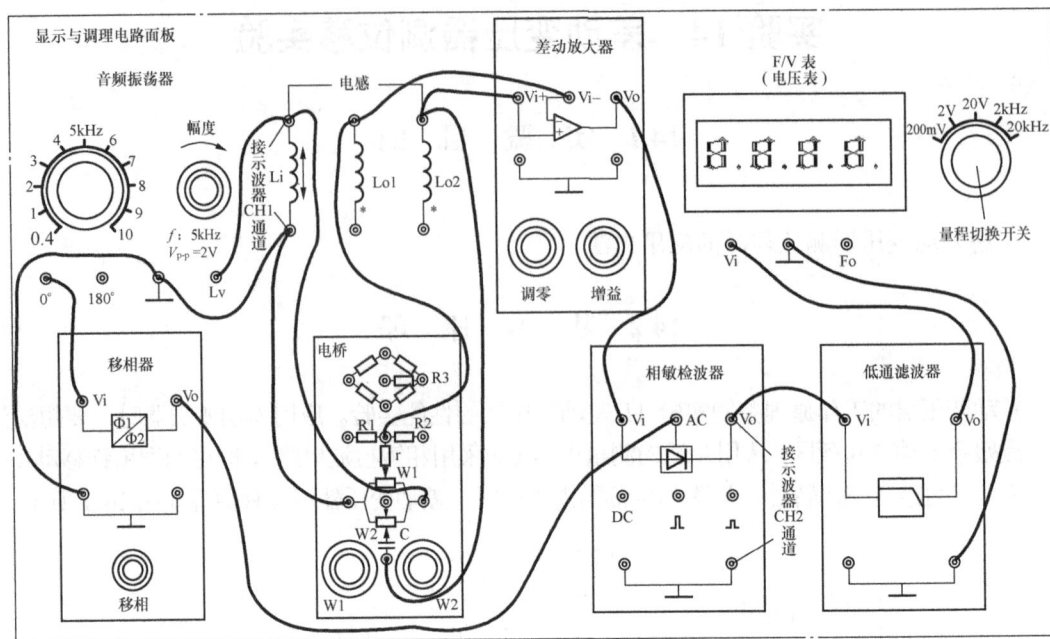

图 14-2　差动变压器测位移组成和接线示意

（5）调节电桥单元中的 W_1、W_2（二者交替配合反复调节），使相敏检波器输出波形趋于水平线（可相应调节示波器量程挡观察），并且电压表显示趋于 0（以电压表显示为主）。

（6）调节测微头到 20mm 处，并记录电压表读数作为位移始点，以后顺时针方向调节测微头，每隔 ΔX=0.2mm 从电压表上读出输出电压 V 值（20mm 全行程范围），并填入表 14-1。

表 14-1　　　　　　　　　　　　　　　　　差动变压器测位移实验数据

X（mm）	0	0.2	0.4	0.6	0.8	1.0	1.2	1.4	1.6
从 0 到+1.6mm 上升过程（mV）									
从 1.6mm 到 0 下降过程（mV）									
X（mm）	0	−0.2	−0.4	−0.6	−0.8	−1.0	−1.2	−1.4	−1.6
从 0 到−1.6mm 下降过程（mV）									
从−1.6mm 到 0 上升过程（mV）									

（7）根据表 14-1 的实验数据绘制实验曲线（自设十字坐标），并在曲线上截取线性较好的曲线段作为位移测量范围（作为传感器的量程），计算灵敏度 $S=\Delta V/\Delta X$ 与线性度。实验完毕，关闭所有电源。

实验 15 差动变压器振动测量实验

15.1 实 验 目 的

了解差动变压器测量振动的方法。

15.2 基 本 原 理

参阅实验 11、实验 14。当差动变压器的衔铁连接杆与被测体连接时即可检测到被测体的位移变化或振动。

15.3 需用器件与单元

机头中的振动台、差动变压器；显示面板中的音频振荡器、低频振荡器；调理电路面板中传感器输出单元中的电感、激振，调理电路面板中的电桥、差动放大器、移相器、相敏检波器、低通滤波器；双踪示波器（自备）。

15.4 实 验 步 骤

（1）调节测微头远离振动台，不能妨碍振动台的上下运动。按图 15-1 接线。

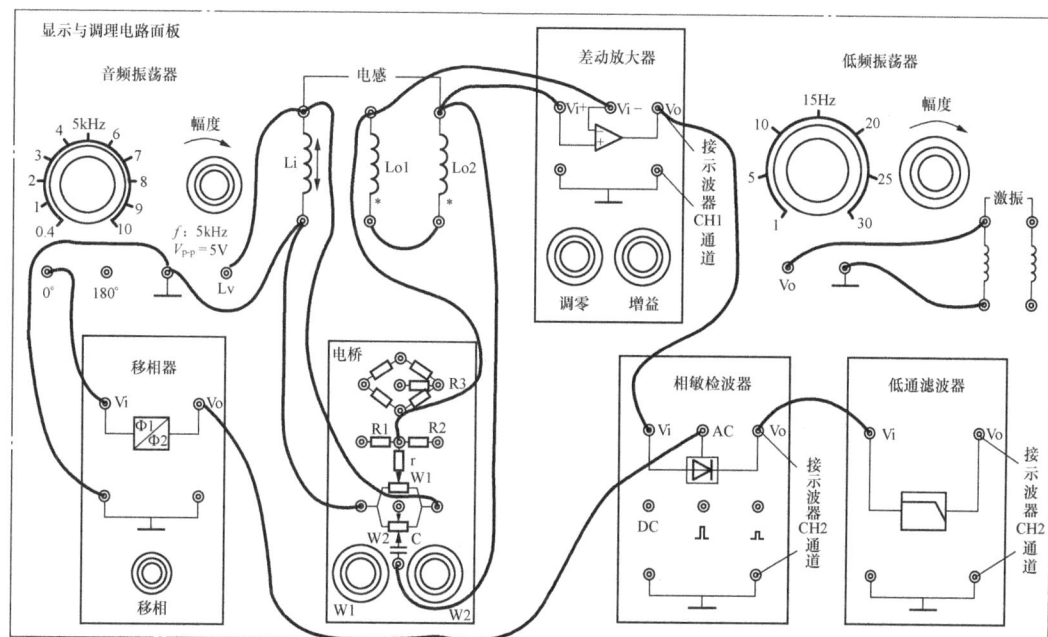

图 15-1 差动变压器振动测量接线示意

（2）将音频振荡器和低频振荡器的幅度电位器逆时针轻轻转到底（幅度最小），并调整有关部分。调整如下：

1）检查接线无误后合上主、副电源开关。用示波器监测音频振荡器 L_V 端的频率和幅值，调节音频振荡器的频率、幅度旋钮，使 LV 端输出 4～6kHz、V_{p-p}=5V 的激励电压。正确设置双线（双踪）示波器的触发方式及其他设置，TIME/DIV 在 0.5～0.1ms 范围内选择，VOLTS/DIV 在 1～5V 范围内选择。

2）将差动放大器的增益电位器顺时针缓慢转到底，再逆时针回转 1/2，再用示波器观察相敏检波器的输出，用手往下压住振台的同时调节移相器的移相电位器，使示波器输出一个全波整流波形。如相邻波形谷底不在同一水平线上，则调节差动放大器的调零旋钮使相邻波形谷底在同一水平线上。

3）释放振动台（振动台处于自然状态），仔细调节电桥单元中的 W_1 和 W_2（二者反复交替调节），使示波器（相敏检波器输出）输出的波形幅值很小，接近为一水平线。

（3）将低频振荡器的频率调到 8Hz 左右，调节低频振荡器幅度旋钮，使振动台振动较为明显（如振动不明显再调节频率）。用示波器观察差动放大器（调幅波）、相敏检波器及低通滤波器（传感器信号）的输出波形。正确设置双线（双踪）示波器的触发方式及其他设置，TIME/DIV 在 20～50ms 范围内选择，VOLTS/DIV 在 0.1～1V 范围内选择。

（4）分别在调节低频振荡器的频率和幅度的同时观察低通滤波器（传感器信号）的输出波形的周期和幅值。

（5）绘制差动放大器、相敏检波器、低通滤波器的输出波形。实验完毕，关闭电源。

实验 16 电涡流传感器位移特性实验

16.1 实 验 目 的

了解电涡流传感器测量位移的工作原理和特性。

16.2 基 本 原 理

电涡流传感器是一种建立在涡流效应原理上的传感器。电涡流传感器由传感器线圈和被测物体（导电体-金属涡流片）组成，如图 16-1 所示。根据电磁感应原理，当传感器线圈（一个扁平线圈）通以交变电流 I_1（频率较高，一般为 1～2MHz）时，线圈周围空间产生交变磁场 H_1，当线圈平面靠近某一导体面时，由于线圈磁通链穿过导体，导体的表面层感应出呈旋涡状自行闭合的电流 I_2，而 I_2 所形成的磁通链又穿过传感器线圈，这样线圈与涡流"线圈"形成了有一定耦合的互感，最终原线圈反馈一等效电感，从而导致传感器线圈的阻抗 Z 发生变化。我们可以把被测导体上形成的电涡等效成一个短路环，这样就可得到如图 16-2 所示的等效电路。在图 16-2 中，R_1、L_1 为传感器线圈的电阻和电感。短路环可以认为是一匝短路线圈，其电阻为 R_2，电感为 L_2。线圈与导体间存在一个互感 M，它随线圈与导体间距的减小而增大。

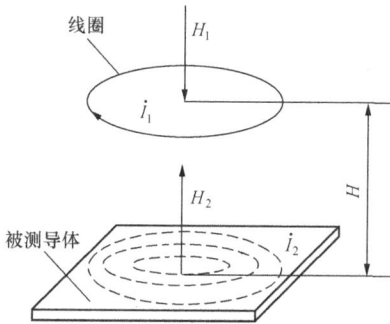

图 16-1 电涡流传感器原理

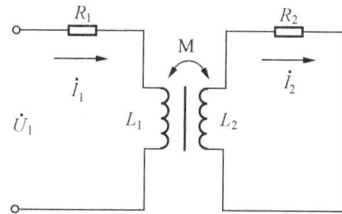

图 16-2 电涡流传感器等效电路

根据等效电路可列出电路方程组

$$\begin{cases} R_2\dot{I}_2 + \mathrm{j}\omega L_2\dot{I}_2 - \mathrm{j}\omega M\dot{I}_1 = 0 \\ R_1\dot{I}_1 + \mathrm{j}\omega L_1\dot{I}_1 - \mathrm{j}\omega M\dot{I}_2 = \dot{U}_1 \end{cases}$$

求解方程组，可得 I_1、I_2。因此传感器线圈的复阻抗为

$$Z = \frac{\dot{U}}{\dot{I}} = \left[R_1 + \frac{\omega^2 M^2}{R_2^2 + (\omega L_2)^2} R_2 \right] + \mathrm{j}\left[\omega L_1 - \frac{\omega^2 M^2}{R_2^2 + (\omega L_2)^2} \omega L_2 \right]$$

线圈的等效电感为

$$L = L_1 - L_2 \frac{\omega^2 M^2}{R_2^2 + (\omega L_2)^2}$$

线圈的等效 Q 值为

$$Q = Q_0 \frac{1 - (L_2 \omega^2 M^2)/(L_1 Z_2^2)}{1 + (R_2 \omega^2 M^2)/(R_1 Z_2^2)}$$

式中　　Q_0——无涡流影响下线圈的 Q 值，$Q_0 = \omega L_1/R_1$；

　　　　Z_2^2——金属导体中产生电涡流部分的阻抗，$Z_2^2 = R_2^2 + \omega^2 L_2^2$。

　　由以上公式可以看出，线圈与金属导体系统的阻抗 Z、电感 L 和品质因数 Q 值都是该系统互感系数平方的函数，而从麦克斯韦互感系数的基本公式出发，可得互感系数是线圈与金属导体间距离 $x(H)$ 的非线性函数。因此，Z、L、Q 均为 x 的非线性函数。虽然 $x(H)$ 函数是非线性的，其函数特征为 S 形曲线，但可以选取其中近似为线性的一段。Z、L、Q 的变化与导体的电导率、磁导率、几何形状、线圈的几何参数、激励电流频率及线圈到被测导体间的距离有关。如果控制上述参数中的一个参数改变，而其余参数不变，则阻抗成为这个变化参数的单值函数。当电涡流线圈、金属涡流片及激励源确定后，并保持环境温度不变，则阻抗只与距离 x 有关。因此，通过传感器的调理电路（前置器）处理，将线圈 Z、L、Q 的变化转化成电压或电流的变化输出。输出信号的大小随探头到被测体表面之间的间距而变化，电涡流传感器就是根据这一原理实现对金属物体的位移、振动等参数的测量的。

　　为实现电涡流传感器位移测量，必须有一个专用的测量电路。这一测量电路（称为前置器，也称电涡流变换器）包括具有一定频率的、稳定的振荡器和一个检波电路等。电涡流传感器位移测量实验框图如图 16-3 所示。

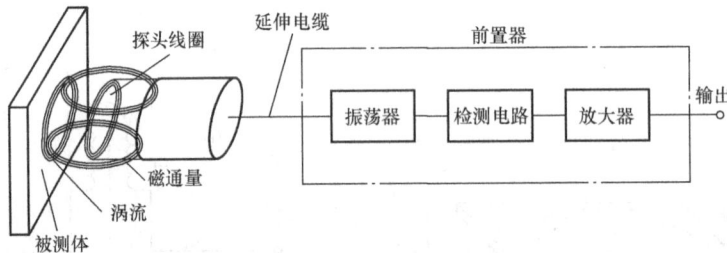

图 16-3　电涡流传感器位移特性实验框图

　　根据电涡流传感器的基本原理，将传感器与被测体间的距离变换为传感器的品质因数 Q、等效阻抗 Z 和等效电感 L 三个参数，用相应的测量电路（前置器）来测量。

　　本实验的涡流变换器为变频调幅式测量电路，电路原理与面板如图 16-4 所示。

　　电路组成如下：

　　（1）Q_1、C_1、C_2、C_3 组成电容三点式振荡器，产生频率为 1MHz 左右的正弦载波信号。电涡流传感器接在振荡回路中，传感器线圈是振荡回路的一个电感元件。振荡器的作用是将位移变化引起的振荡回路的 Q 值变化转换成高频载波信号的幅值变化。

　　（2）V、C_5、L_2、C_6 组成了由二极管和 LC 形成的 π 形滤波的检波器。检波器的作用是将高频调幅信号中传感器检测到的低频信号取出来。

（3）Q_2 组成射极跟随器。射极跟随器的作用是匹配输入、输出，以获得尽可能大的不失真输出的幅度值。

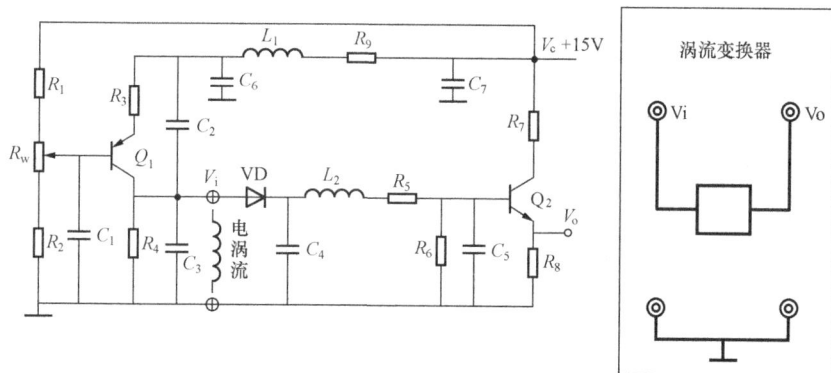

图 16-4　电涡流变换器原理与面板

　　电涡流传感器是通过传感器端部线圈与被测物体（导电体）间的间隙变化来测物体的振动相对位移量和静位移的，它与被测物之间没有直接的机械接触，具有较大的使用频率范围（0～10Hz）。当无被测导体时，振荡器回路谐振于 f_0，传感器端部线圈 Q_0 为定值且最高，对应的检波输出电压 V_o 最大。当被测导体接近传感器线圈时，线圈 Q 值发生变化，振荡器的谐振频率发生变化，谐振曲线变得平坦，检波输出的幅值 V_o 变小。V_o 变化反映了位移 x 的变化。电涡流传感器在位移、振动、转速、探伤、厚度测量等方面得到应用。

16.3　需用器件与单元

　　机头中的振动台、测微头、电涡流传感器、被测体（铁圆片）；显示面板中的 F/V 表（或电压表）；调理电路面板中传感器输出单元中的电涡流，调理电路面板中的涡流变换器；示波器。

16.4　实 验 步 骤

　　（1）调节测微头初始位置的刻度值为 5mm 处，松开电涡流传感器的安装轴套紧固螺钉，调整电涡流传感器高度，与电涡流检测片相贴时拧紧轴套紧固螺钉并按图 16-5 接线。

　　（2）将电压表（F/V 表）量程切换到 20V 挡，检查接线无误后，合上主、副电源开关（在涡流变换器输入端可接示波器观测振荡波形），记下电压表读数，然后逆时针调节测微头微分筒，每隔 0.1mm 读一个数，直到输出 V_o 变化很小为止，并将数据填入表 16-1。

表 16-1　　　　　　　　　　　　电涡流传感器位移 X 与输出电压数据

X（mm）	0	0.1	0.2	0.3	0.4	0.5	0.6	0.7	0.8	0.9
远离 V_o（V）										
接近 V_o（V）										

　　（3）根据表 16-1 数据绘制 V-X 实验曲线。在实验曲线上截取线性较好的区域作为传感器

的位移量程，计算灵敏度和线性度（可用最小二乘法或其他拟合直线）。实验完毕，关闭所有电源。

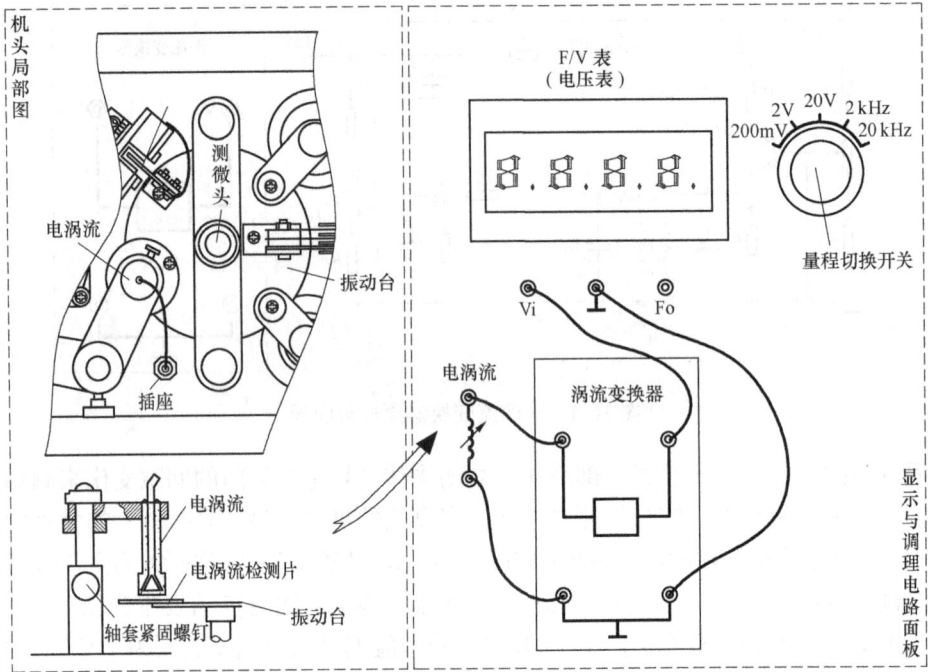

图 16-5　电涡流传感器位移特性实验接线示意

实验 17　被测体材质对电涡流传感器特性影响

17.1　实　验　目　的

了解不同的被测体材料对电涡流传感器性能的影响。

17.2　基　本　原　理

电涡流传感器在被测体上产生的涡流效应与被测导体本身的电阻率和磁导率有关，因此不同的材料有不同的性能。基本原理参阅实验 16。

17.3　需用器件与单元

机头中的振动台、测微头、电涡流传感器、被测体（铁圆片、铝圆片）；显示面板中的 F/V 表（或电压表）；调理电路面板中传感器输出单元中的电涡流，调理电路面板中的涡流变换器。

17.4　实　验　步　骤

（1）将被测体铁圆片换成铝圆片，实验方法与步骤同实验 16。

（2）按实验 16 实验，将数据填入表 17-1 和表 17-2。

表 17-1　　　　　　　　被测体为铁圆片时的位移与输出电压数据

X（mm）									
远离 V_o（V）									
接近 V_o（V）									

表 17-2　　　　　　　　被测体为铝圆片时的位移与输出电压数据

X（mm）									
远离 V_o（V）									
接近 V_o（V）									

（3）根据实验数据，在同一坐标上绘制实验曲线并进行比较，分别计算灵敏度和线性度。实验完毕，关闭电源。

实验 18　电涡流传感器测振动实验

18.1　实　验　目　的

了解电涡流传感器测振动的原理与方法。

18.2　基　本　原　理

根据电涡流传感器位移特性，根据被测材料选择合适的工作点即可测量振动。

18.3　需用器件与单元

机头中的振动台、电涡流传感器、被测体（铁圆片）；显示面板中的 F/V 表（或电压表）、低频振荡器；调理电路面板中传感器输出单元中的电涡流、激振，调理电路面板中的涡流变换器；示波器（自备）。

18.4　实　验　步　骤

（1）调节测微头远离振动台，不能妨碍振动台的上下运动，按图 18-1 所示接线。

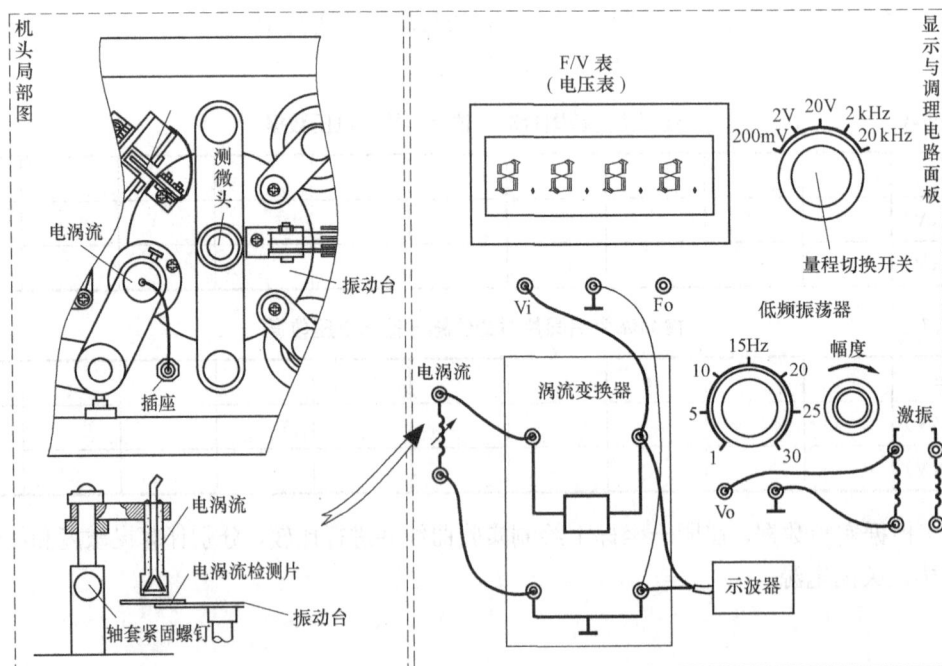

图 18-1　电涡流传感器测振动安装、接线示意

（2）将低频振荡器幅度旋钮逆时针转到底（低频输出幅度最小），电压表的量程切到 20V挡。检查接线无误后，合上主、副电源开关，松开电涡流传感器的轴套紧固螺钉，调整电涡流传感器与电涡流检测片的间隙，使电压表显示为 2.5V 左右时拧紧轴套紧固螺钉（传感器与被测体铁圆片静态时的最佳距离为线性区域中点）。

（3）调节低频振荡器的频率为 8Hz 左右，再调节低频振荡器幅度使振动台起振，振动幅度不能过大（电涡流传感器测小位移，否则超出线性区域）。用示波器监测涡流变换器的输出波形，再改变低频振荡器的振荡频率、幅度，分别观察涡流变换器输出波形的变化。实验完毕，关闭所有电源。

实验 19 压电传感器测振动实验

19.1 实 验 目 的

了解压电传感器的原理和测量振动的方法。

19.2 基 本 原 理

压电传感器是一种典型的发电型传感器，其传感元件是压电材料，以压电材料的压电效应为转换机理实现力到电量的转换。压电传感器可以对各种动态力、机械冲击和振动进行测量，在声学、医学、力学、导航方面得到广泛的应用。

19.2.1 压电效应

具有压电效应的材料称为压电材料。常见的压电材料有两类压电单晶体，如石英、酒石酸钾钠等；人工多晶体压电陶瓷，如钛酸钡、锆钛酸铅等。

压电材料受到外力作用时，在发生变形的同时内部产生极化现象，表面产生极性相反的电荷。当压电材料不受外力作用时，重新恢复到不带电状态，当作用力的方向改变后，电荷的极性也随之改变，这种现象称为压电效应，如图 19-1 所示。

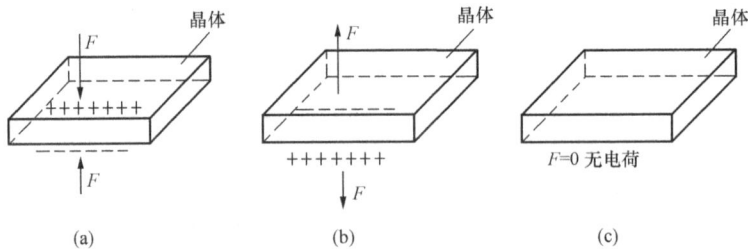

图 19-1 压电效应

19.2.2 压电晶片及其等效电路

多晶体压电陶瓷的灵敏度比压电单晶体要高很多。压电传感器的压电元件是在两个工作面上蒸镀有金属膜的压电晶片，金属膜构成两个电极，如图 19-2（a）所示。当压电晶片受到力的作用时，电荷即聚集在两极上，一面为正电荷，另一面为等量的负电荷。这种情况和电容器十分相似，所不同的是晶片表面上的电荷会随着时间的推移逐渐漏掉，这是因为压电晶片材料的绝缘电阻（也称漏电阻）虽然很大，但毕竟不是无穷大，从信号变换角度来看，压电元件相当于一个电荷发生器；从结构上看，它又是一个电容器。因此，通常将压电元件等效为一个电荷源与电容相并联的电路，如图 19-2（b）所示。其中

$$e_a = \frac{Q}{C_a}$$

式中　e_a——压电晶片受力后所呈现的电压，也称为极板上的开路电压；

　　　Q——压电晶片表面上的电荷；

　　　C_a——压电晶片的电容。

在实际的压电传感器中，往往用两片或两片以上的压电晶片进行并联或串联。如图 19-2（c）所示，压电晶片并联时，两个晶片正极集中在中间极板上，负电极在两侧的电极上，因而电容量大，输出电荷量大，时间常数大，宜于测量缓变信号并以电荷量作为输出。

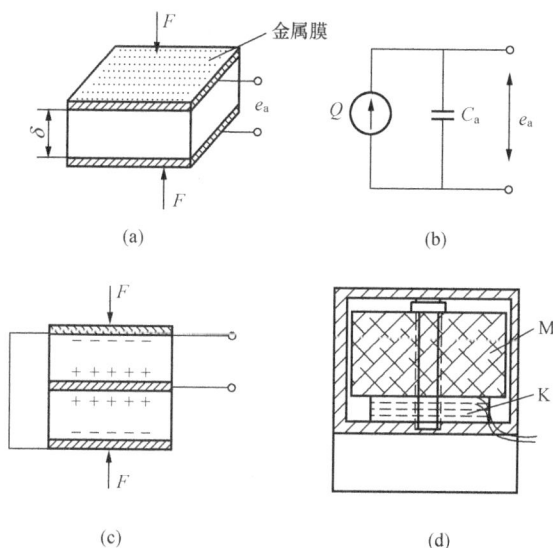

图 19-2　压电晶片及等效电路

（a）压电晶片；（b）等效电荷源；（c）并联；（d）压电式加速度传感器

压电传感器的输出理论上是压电晶片表面上的电荷 Q。根据图 19-2（b）可知，测试中也可取等效电容 C_a 上的电压值作为压电传感器的输出。因此，压电传感器有电荷和电压两种输出形式。

19.2.3　压电式加速度传感器

图 19-2（d）所示为压电式加速度传感器的结构图。在图 19-2（d）中，M 为惯性质量块，K 为压电晶片。压电式加速度传感器实质上是一个惯性力传感器。在压电晶片 K 上，放有质量块 M。当壳体随被测振动体一起振动时，作用在压电晶体上的力 $F=Ma$。当质量 M 一定时，压电晶体上产生的电荷与加速度 a 成正比。

19.2.4　压电式加速度传感器和放大器等效电路

压电传感器的输出信号很弱小，必须进行放大，压电传感器所配接的放大器有两种结构形式：一种是带电阻反馈的电压放大器，其输出电压与输入电压（即传感器的输出电压）成正比；另一种是带电容反馈的电荷放大器，其输出电压与输入电荷量成正比。

电压放大器测量系统的输出电压对电缆电容 C_c 敏感。当电缆长度变化时，C_c 变化，使得放大器输入电压 e_i 变化，系统的电压灵敏度也将发生变化，这就增加了测量的困难。电荷放大器则克服了上述电压放大器的缺点。它是一个高增益带电容反馈的运算放大器。传感器-电缆-电荷放大器系统的等效电路如图 19-3 所示。

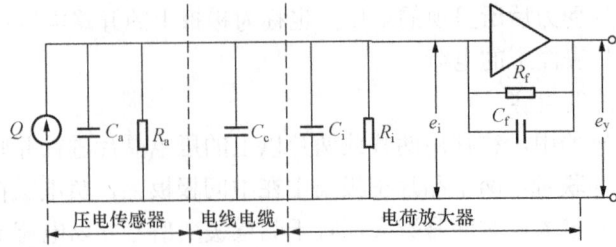

图 19-3　传感器-电缆-电荷放大器系统的等效电路

去除传感器的漏电阻 R_a 和电荷放大器的输入电阻 R_i 影响时，有

$$Q=e_i（C_a+C_c+C_i）+（e_i-e_y）C_f \tag{19-1}$$

式中　　e_i——放大器输入端电压；

　　　　e_y——放大器输出端电压，$e_y=-Ke_i$，其中 K 为电荷放大器开环放大倍数；

　　　　C_f——电荷放大器反馈电容。

将 $e_y=-Ke_i$ 代入式（19-1），可得到放大器输出端电压 e_y 与传感器电荷 Q 的关系式。设 $C=C_a+C_c+C_i$，则

$$e_y=-\frac{KQ}{(C+C_f)+KC_f} \tag{19-2}$$

当放大器的开环增益足够大时，则有 $KC_f \gg C+C_f$，式（19-2）简化为

$$e_y=-\frac{Q}{C_f} \tag{19-3}$$

式（19-3）表明，在一定条件下，电荷放大器的输出电压与传感器的电荷量成正比，而与电缆的分布电容无关，输出灵敏度取决于反馈电容 C_f。所以，电荷放大器的灵敏度采用切换运算放大器反馈电容 C_f 的办法调节。采用电荷放大器时，即使连接电缆长度达百米以上，其灵敏度也无明显变化，这是电荷放大器的主要优点。

19.2.5　压电式加速度传感器实验原理

压电式加速度传感器实验原理、电荷放大器与实验面板如图 19-4 所示。

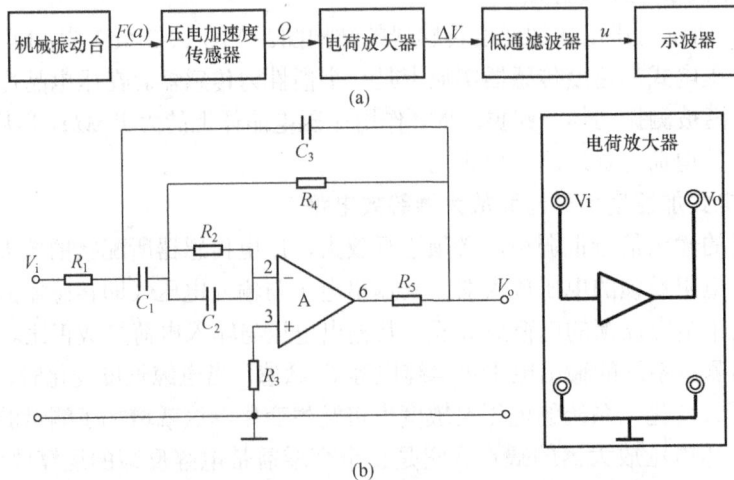

(a)

(b)

图 19-4　压电式加速度传感器实验原理和电荷放大器原理

（a）压电式加速度传感器实验原理；（b）电荷放大器原理与实验面板

19.3 需用器件与单元

机头中的悬臂双平行梁、激振器、压电传感器；显示面板中的低频振荡器；调理电路面板中传感器输出单元中的压电、激振，调理电路面板中的电荷放大器、低通滤波器；双踪示波器（自备）。

19.4 实 验 步 骤

（1）按图 19-5 接线。

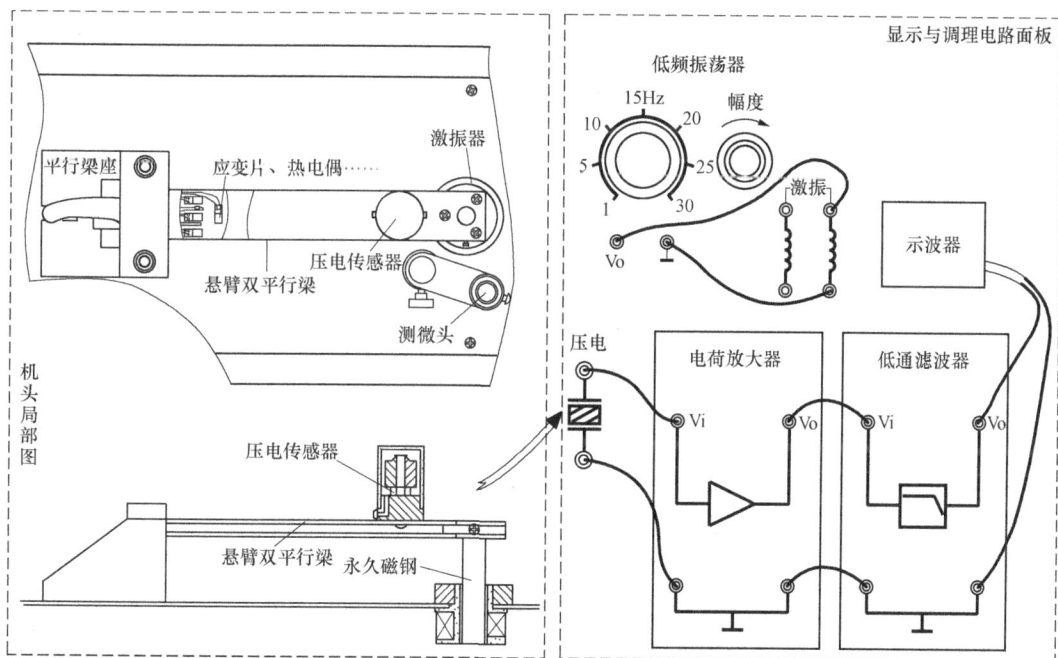

图 19-5 压电传感器测振动实验接线示意

（2）将显示面板中的低频振荡器幅度旋钮逆时针缓慢转到底（低频输出幅度最小），调节低频振荡器的频率在 8～10Hz。检查接线无误后，合上主、副电源开关。再调节低频振荡器的幅度，使振动台明显振动（如振动不明显可调频率）。

（3）用示波器的两个通道同时观察低通滤波器输入端和输出端的波形，正确设置双线（双踪)示波器的触发方式及其他设置，TIME/DIV 在 20～50ms 范围内选择；VOLTS/DIV 在 0.1～1V 范围内选择；在振动台正常振动时，用手指敲击振动台，同时观察输出波形的变化。

（4）改变低频振荡器的频率，观察输出波形的变化。实验完毕，关闭所有电源开关。

实验 20 热电偶的原理及现象实验

20.1 实 验 目 的

了解热电偶测温原理。

20.2 基 本 原 理

1821 年，德国物理学家塞贝克发现并证明了在两种不同材料的导体 A 和 B 组成的闭合回路中，当两个结点温度不相同时，回路中将产生电动势。这种物理现象称为热电效应（塞贝克效应）。

热电偶测温原理就是利用热电效应。如图 20-1 所示，热电偶就是将 A 和 B 两种不同金属

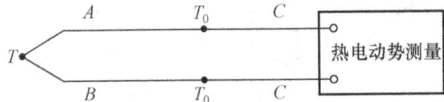

图 20-1 热电偶

材料的一端焊接而成。A 和 B 称为热电极，焊接的一端是接触热场的 T 端，称为工作端或测量端，也称热端。未焊接的一端温度为 T_0，称为自由端或参考端，也称冷端（用来连接测量仪表的两根导线 C 是同样的材料，可以与 A 和 B 的材料不同）。T 与 T_0 的温差越大，热电偶的输出电动势越大。温差为 0 时，热电偶的输出电动势为 0，因此，可以用热电动势大小衡量温度的大小。国际上，热电偶的 A、B 热电极根据材料不同分成若干分度号，并且有相应的分度表，即参考端温度为 0℃时的测量端温度与热电动势的对应关系表。可以通过测量热电偶输出的热电动势值再查分度表得到相应的温度值。热电偶一般用来测量较高的温度，应用在冶金、化工和炼油行业，用于测量、控制较高的温度。

本实验只是定性了解热电偶的热电动势现象，实验仪所配的热电偶是由铜-康铜组成的简易热电偶，分度号为 T。实验仪有两个热电偶，它们封装在悬臂双平行梁上、下梁的上、下表面中，两个热电偶串联在一起，产生的热电动势为二者之和。

20.3 需用器件与单元

机头平行梁中的热电偶、加热器；显示面板中的 F/V 表（或电压表）、–15V 电源；调理电路面板中传感器输出单元中的热电偶、加热器，调理电路单元中的差动放大器；室温温度计。

20.4 实 验 步 骤

（1）热电偶无温差时，差动放大器调零。将电压表量程切换到 2V 挡，按图 20-2 接线，检查接线无误后，合上主、副电源开关。将差动放大器的增益电位器顺时针缓慢转到底（增

益为 101 倍），再逆时针回转一点，以防电位器的可调触点在极限端点位置接触不良；再调节差动放大器的调零旋钮，使电压表显示 0V 左右，将电压表量程切换到 200mV 挡继续调零，使电压表显示 0V。记录下自备温度计所测的室温 T_n。

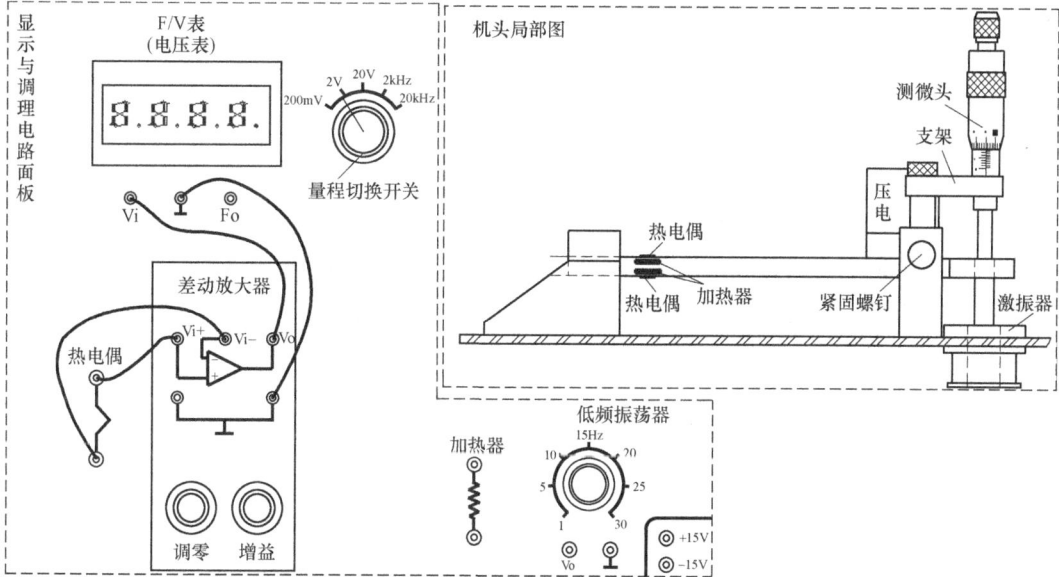

图 20-2　热电偶无温差时差动放大器调零接线示意图

（2）将-15V 直流电源接入加热器的一端，加热器的另一端接地，如图 20-3 所示。观察电压表显示值的变化，待显示值稳定不变时记录下电压表显示的电压值 V。此电压值 V 为两个铜-康铜热电偶串联经放大 100 倍后的热电动势。

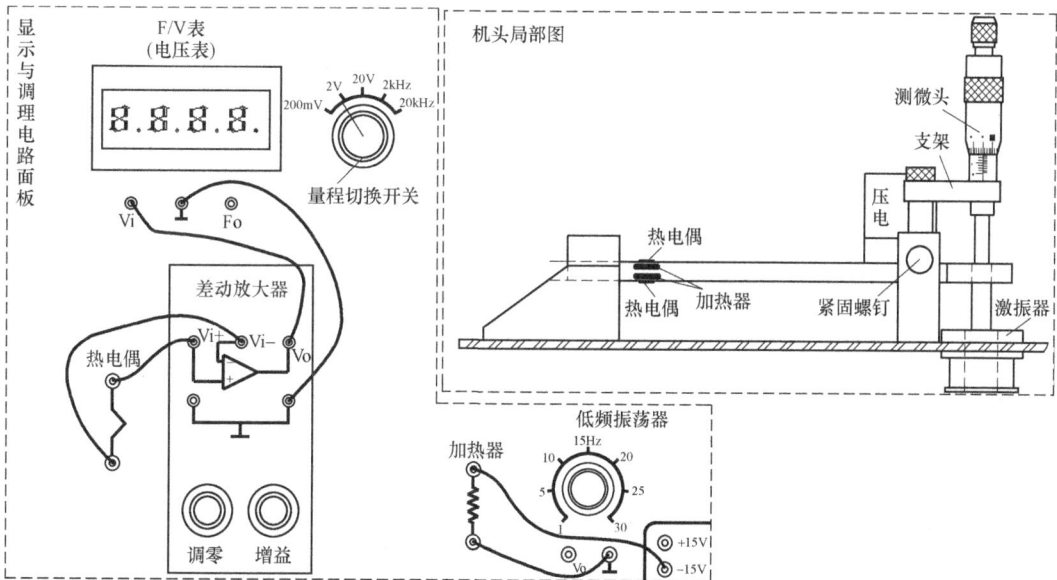

图 20-3　热电偶测温实验接线示意

（3）根据热电偶的热电动势与温度之间的关系式计算热电动势。

$$E(T, T_0)=E(T, T_n)+E(T_n, T_0)$$

式中　T——热电偶的热端（工作端或称测温端）温度；

　　　T_n——热电偶的冷端（自由端即热电势输出端）温度，即室温；

　　　T_0——0℃。

1）计算热端温度为 T，冷端温度为室温时热电动势为

$$E(T, Tn) = \frac{V}{100 \times 2}$$

其中，100 为差动放大器的放大倍数，2 为热电偶个数。

2）查铜-康铜热电偶分度表（见表 20-1），得到热端温度为室温（温度计测得），冷端温度为 0℃时的热电动势 $E(T_n, T_0)$。

计算热端温度为 T，冷端温度为 0℃时的热电动势为

$$E(T, T_0)=E(T, T_n)+E(T_n, T_0)$$

根据计算结果，查分度表得到所测温度 T（加热器功率较小，升温 10℃左右）。

表 20-1　　　　　　　铜-康铜热电偶分度表（自由端温度为 0℃，分度号为 T）

工作端温度（℃）	0	1	2	3	4	5	6	7	8	9
	热 电 动 势　（mV）									
−10	−0.383	−0.421	−0.459	−0.496	−0.534	−0.571	−0.608	−0.646	−0.683	−0.720
0	−0.000	−0.039	−0.077	−0.116	−0.154	−0.193	−0.231	−0.269	−0.307	−0.345
0	0.000	0.039	0.078	0.117	0.156	0.195	0.234	0.273	0.312	0.351
10	0.391	0.430	0.470	0.510	0.549	0.589	0.629	0.669	0.709	0.749
20	0.789	0.830	0.870	0.911	0.951	0.992	1.032	1.073	1.114	1.155
30	1.196	1.237	1.279	1.320	1.361	1.403	1.444	1.486	1.528	1.569
40	1.611	1.653	1.695	1.738	1.780	1.822	1.865	1.907	1.950	1.992
50	2.035	2.078	2.121	2.164	2.207	2.250	2.294	2.337	2.380	2.424
60	2.467	2.511	2.555	2.599	2.643	2.687	2.731	2.775	2.819	2.864
70	2.908	2.953	2.997	3.042	3.087	3.131	3.176	3.221	3.266	3.312
80	3.357	3.402	3.447	3.493	3.538	3.584	3.630	3.676	3.721	3.767
90	3.813	3.859	3.906	3.952	3.998	4.044	4.091	4.137	4.184	4.231
100	4.277	4.324	4.371	4.418	4.465	4.512	4.559	4.607	4.654	4.701

（4）断开加热器的−15V 电源，观察电压表显示值是否下降。实验完毕，关闭所有电源。

实验 21　NTC 热敏电阻温度特性实验

20.1　实　验　目　的

定性了解 NTC 热敏电阻的温度特性。

20.2　实　验　原　理

热敏电阻的温度系数有正有负，因此分成两类：PTC 热敏电阻（正温度系数，温度升高而电阻值变大）与 NTC 热敏电阻（负温度系数，温度升高而电阻值变小）。一般 NTC 热敏电阻的温度范围较宽，主要用于温度测量；而 PTC 突变型热敏电阻的温度范围较窄，一般用于恒温加热控制或温度开关，也用于彩色电视机中作为自动消磁元件。有些功率 PTC 也作为发热元件用。PTC 缓变型热敏电阻可用于温度补偿或温度测量。

一般的 NTC 热敏电阻大多是用 Mn、Co、Ni、Fe 等过渡金属氧化物按一定比例混合，采用陶瓷工艺制备而成的，它们具有 P 型半导体的特性。热敏电阻具有体积小、质量轻、热惯性小、工作寿命长、价格便宜，并且本身阻值大，不需考虑引线长度带来的误差，适用于远距离传输等优点。但热敏电阻也有非线性大、稳定性差、有老化现象、误差较大、离散性大（互换性不好）等缺点，一般只适用于低精度的温度测量。热敏电阻一般适用于 –50～+300℃ 的低精度测量及温度补偿、温度控制等各种电路中。NTC 热敏电阻 R_T 温度特性实验原理如图 21-1 所示，计算公式为

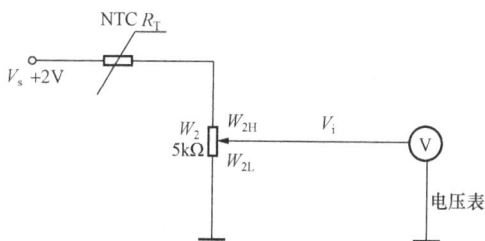

图 21-1　热敏电阻温度特性实验原理

$$V_i = \frac{W_{2L}}{R_T + W_2} V_s$$

式中　　V_s——恒压电源供电，V_s=2V；

　　　　R_T——热电阻；

W_{2L}——W_2 活动触点到地的阻值，作为采样电阻（可调节）。

20.3　需用器件与单元

机头平行梁中的热敏电阻、加热器；显示面板中的 F/V 表（或电压表）、±2～±10V 步进可调直流稳压电源、–15V 直流稳压电源；调理电路面板中传感器输出单元中的 R_T 热电阻、加热器，调理电路单元中的电桥；数显万用表（自备）。

20.4 实 验 步 骤

（1）用数显万用表的 20kΩ电阻挡测量 R_T 热敏电阻在室温时的阻值。R_T 是一个黑色（或蓝色或棕色）球状元件，封装在双平行梁的上梁表面。加热器的阻值为 100Ω 左右，封装在双平行应变梁的上、下梁之间，如图 21-2 所示。

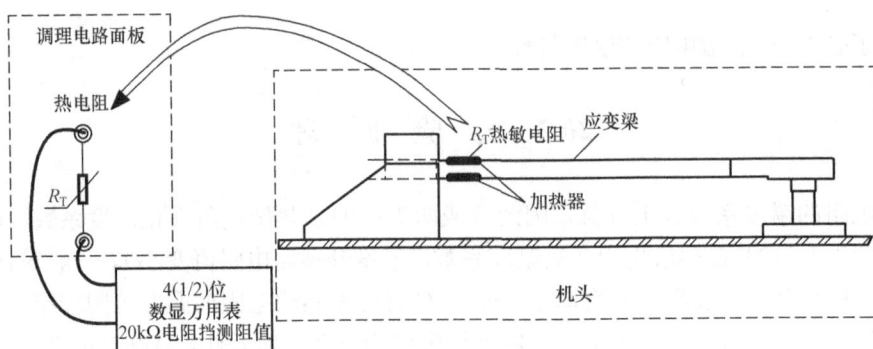

图 21-2　R_T 热电阻室温阻值测量示意

（2）调节 NTC 热敏电阻，使其在室温时的输出为 100mV：将±2～±10V 步进可调直流稳压电源切换到 2V 挡，按图 21-3 接线，将 F/V 表切换开关到 2V 挡，检查接线无误后，合上主电源开关。调节 W_2 使 F/V 表显示为 100mV。

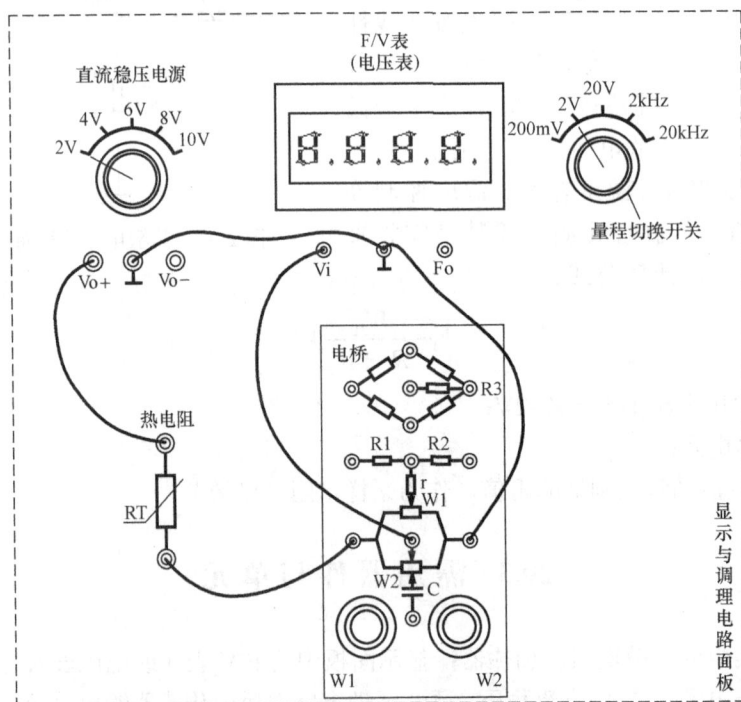

图 21-3　NTC 热敏电阻在室温时的输出为 100mV 接线图

（3）将加热器接到–15V 稳压电源上，如图 21-4 所示，观察 F/V 表的显示变化（5～6min）。再将加热器电源去掉，观察 F/V 表的显示变化。由此可见，当温度升高时，R_T 阻值_____，V_i_____。当温度下降时，R_T 阻值_____，V_i_____。实验完毕，关闭所有电源。

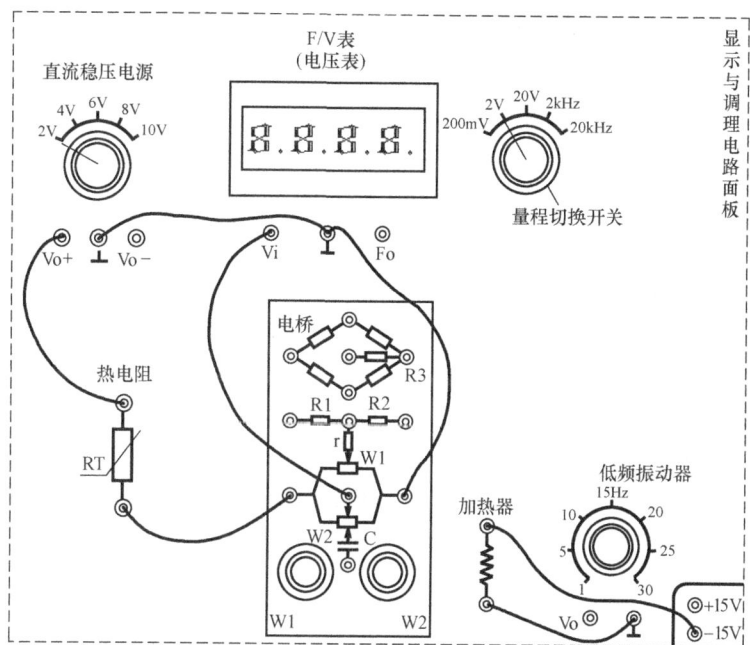

图 21-4　NTC 热敏电阻受热时温度特性实验接线

实验 22 PN 结温度传感器温度特性实验

22.1 实 验 目 的

定性了解 PN 结温度传感器的温度特性。

22.2 基 本 原 理

二极管、晶体管的 PN 结正向电压是随温度变化而变化的，利用 PN 结的这个温度特性可制成 PN 结温度传感器。目前用于制造温敏二极管的材料主要有锗、硅、砷化镓、碳化硅等。对于硅二极管，当电流保持不变时，温度每升高 1℃，正向电压下降约 2mV。它的温度系数为 –2mV/℃，具有线性好、时间常数小（0.2～2s）、灵敏度高等优点，测温范围为 –50～+120℃。其不足之处是离散性较大，互换性较差。PN 结测温实验原理如图 22-1 所示。

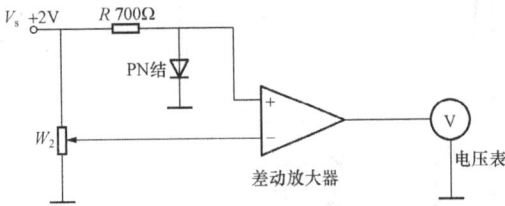

图 22-1 PN 结测温特性实验原理

22.3 需 用 器 件 与 单 元

机头平行梁中的 PN 结（硅二极管）、加热器；显示面板中的 F/V 表（或电压表）、±2～±10V 步进可调直流稳压电源、–15V 直流稳压电源；调理电路面板中传感器输出单元中的 PN 结、加热器，调理电路单元中的电桥、差动放大器；万用表（自备）。

22.4 实 验 步 骤

（1）根据图 22-2 所示，用万用表（二极管挡）判断 PN 结单向导通特性（可互换万用表表笔判断）。

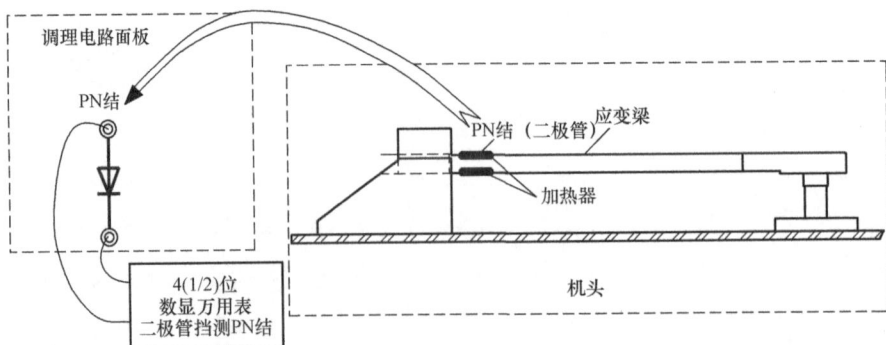

图 22-2 PN 结单向导通特性判断

（2）差动放大器调零。在显示调理电路面板上按图 22-3 接线。将电压表的量程切换到 200mV 挡，检查接线无误后，合上主、副电源开关。将差动放大器的增益电位器顺时针缓慢转到底，再逆时针回转一点（防电位器的可调触点在极限端点位置接触不良），调节差动放大器的调零电位器，使电压表显示电压为 0。关闭主、副电源。

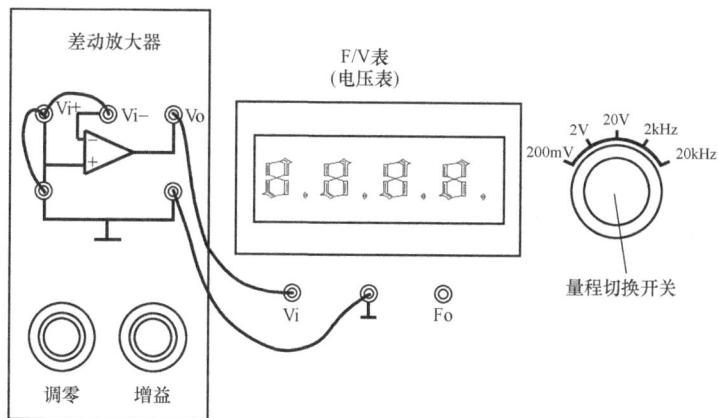

图 22-3　差动放大器调零接线

（3）PN 结室温时调零。将 ±2～±10V 步进可调直流稳压电源切换到 2V 挡，按图 22-4 接线，将电压表量程切换到 2V 挡，检查接线无误后，合上主、副电源开关。调节电桥中的 W_2 使电压表显示为 0。

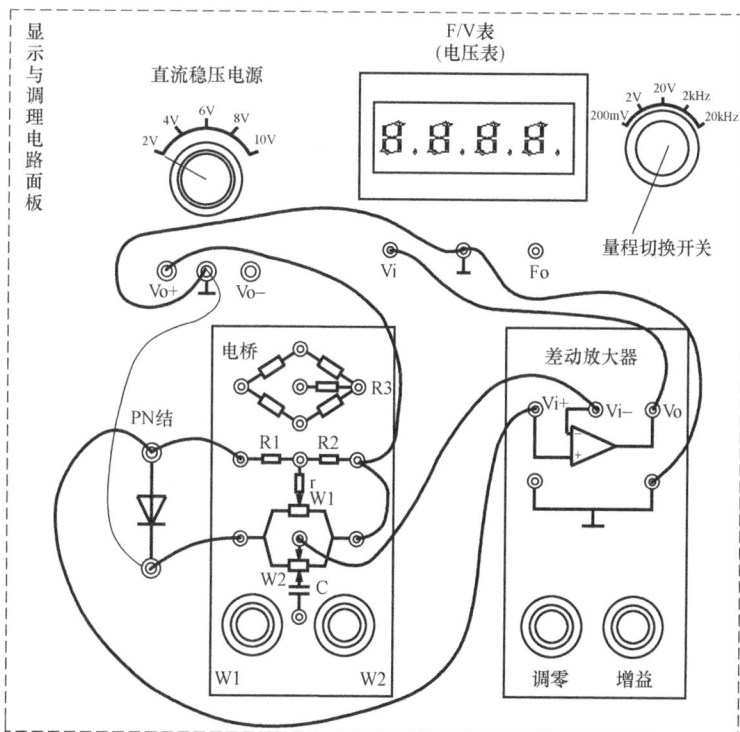

图 22-4　PN 结室温时调零接线

（4）PN 结受热时温度特性。将–15V 稳压电源接到加热器上，如图 22-5 所示，观察电压表的显示变化（5～6min）。再将加热器–15V 电源去掉，观察电压表的显示变化。由此可见，当温度升高时，PN 结的电压降_____，V_i_____。当温度下降时，PN 结的电压降_____，V_i_____。实验完毕，关闭所有电源。

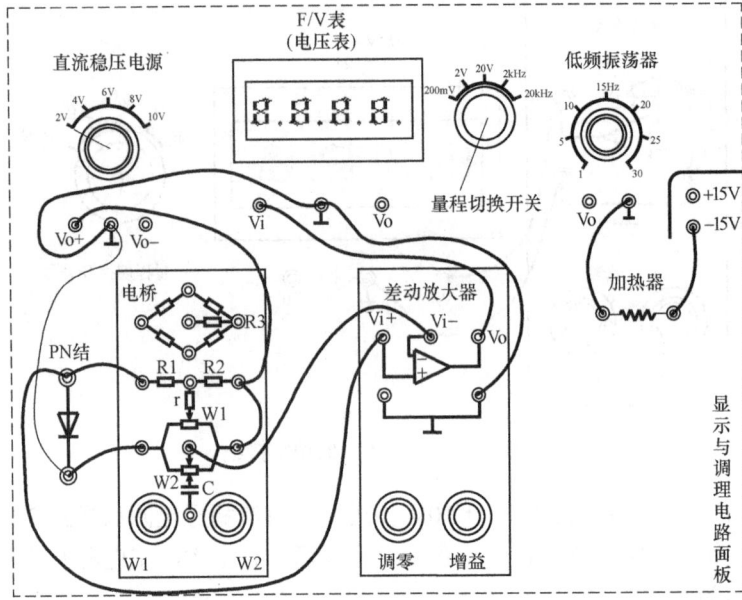

图 22-5　PN 结受热时温度特性实验接线

实验 23　线性霍尔式传感器位移特性实验

23.1　实　验　目　的

了解霍尔式传感器原理与应用。

23.2　基　本　原　理

霍尔式传感器是一种磁敏传感器，基于霍尔效应原理工作。它将被测量的磁场变化（或以磁场为媒体）转换成电动势输出。霍尔效应是具有载流子的半导体同时处在电场和磁场中而产生电势的一种现象。如图 23-1 所示（带正电的载流子），把一块宽为 b，厚为 d 的导电板放在磁感应强度为 B 的磁场中，并在导电板中通以纵向电流 I，此时在板的横向两个侧面 A、A' 之间呈现出一定的电势差，这一现象称为霍尔效应（霍尔效应可以用洛伦兹力来解释），所产生的电势差 U_H 称为霍尔电压。霍尔效应的数学表达式为

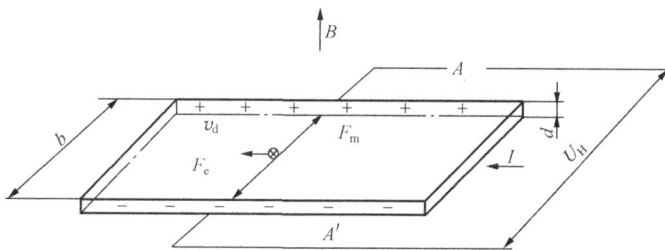

图 23-1　霍尔效应原理

$$U_H = R_H \frac{IB}{d} = K_H IB$$

式中　R_H——由半导体本身载流子迁移率决定的物理常数，称为霍尔系数，$R_H = -1/(ne)$；

　　　K_H——灵敏度系数，与材料的物理性质和几何尺寸有关，$K_H = R_H/d$。

具有霍尔效应的元件称为霍尔元件。霍尔元件大多采用 N 型半导体材料（金属材料中自由电子浓度 n 很高，因此 R_H 很小，输出 U_H 极小，不宜作为霍尔元件），厚度 d 只有 1μm 左右。

霍尔式传感器有霍尔元件和集成霍尔式传感器两种类型。集成霍尔式传感器是把霍尔元件、放大器等集成在一个芯片上的集成电路型结构，与霍尔元件相比，它具有微型化、灵敏度高、可靠性高、寿命长、功耗低、负载能力强及使用方便等优点。

本实验采用的霍尔式位移（小位移 1～2mm）传感器是由线性霍尔元件和两个半圆形永久磁钢组成的，其他很多物理量（如力、压力、机械振动等）本质上都可转变成位移的变化来测量。霍尔式位移传感器的工作原理和实验电路原理如图 23-2 所示。将磁场强度相同的两个永久磁钢极性相对放置，线性霍尔元件置于两个磁钢间的上、下中点，其磁感应强度为 0，

设这个位置为位移的零点，即 $X=0$，因磁感应强度 $B=0$，故输出电压 $U_H=0$。当霍尔元件沿 X 轴有位移时，由于 $B\neq0$，则有一电压 U_H 输出，U_H 经差动放大器放大输出为 V。V 与 B、B 与 X 有一一对应的线性关系。在图 23-2（b）中，W_1 是调节霍尔片的不定位电势，所谓不定位电势，即 $B=0$ 时 $U_H\neq0$。

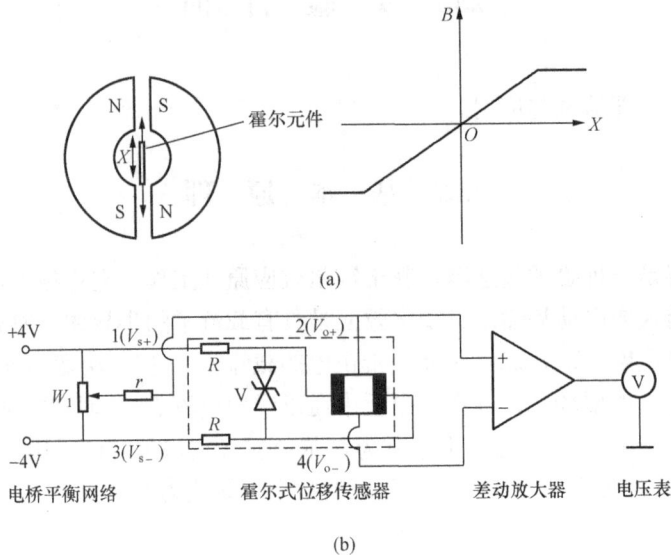

(a)

(b)

图 23-2　霍尔式位移传感器工作原理图

（a）工作原理；（b）实验电路原理

注意：线性霍尔元件有四个引线端。涂黑两端 1（V_{s+}）、3（V_{s-}）是电源输入激励端，另外两端 2（V_{o+}）、4（V_{o-}）是输出端。接线时，电源输入激励端与输出端千万不能颠倒，否则会损坏霍尔元件。

23.3　需用器件与单元

机头中的振动台、测微头、霍尔式位移传感器；显示面板中的 F/V 表（或电压表）、±2～±10V 步进可调直流稳压电源；调理电路面板中传感器输出单元中的霍尔，调理电路单元中的电桥、差动放大器。

23.4　实　验　步　骤

（1）差动放大器调零。按图 23-3 接线，电压表（F/V 表）量程切换到 2V 挡，检查接线无误后，合上主、副电源开关。将差动放大器的增益电位器顺时针缓慢转到底，再逆时针回转一点（防电位器的可调触点在极限端点位置接触不良）；调节差动放大器的调零电位器，使电压表显示为 0。关闭主电源。

（2）在振动台与测微头吸合的情况下，调节测微头到 10mm 处使振动台上的霍尔片处在两块磁钢间的上、下中点位置（目测）。将±2～±10V 步进可调直流稳压电源切换到 4V 挡，再按图 23-4 接线，将差动放大器的增益电位器逆时针缓慢转到底（增益最小）。检查接线无误后，合上主电源开关，仔细调节电桥单元中的 W_1 电位器，使电压表显示 0V。

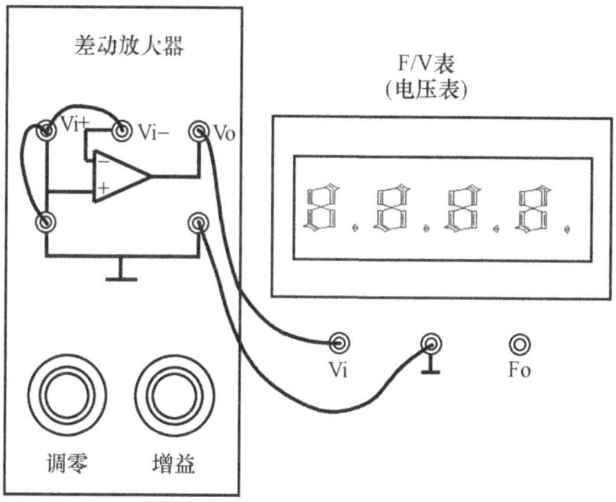

图 23-3　差动放大器调零接线

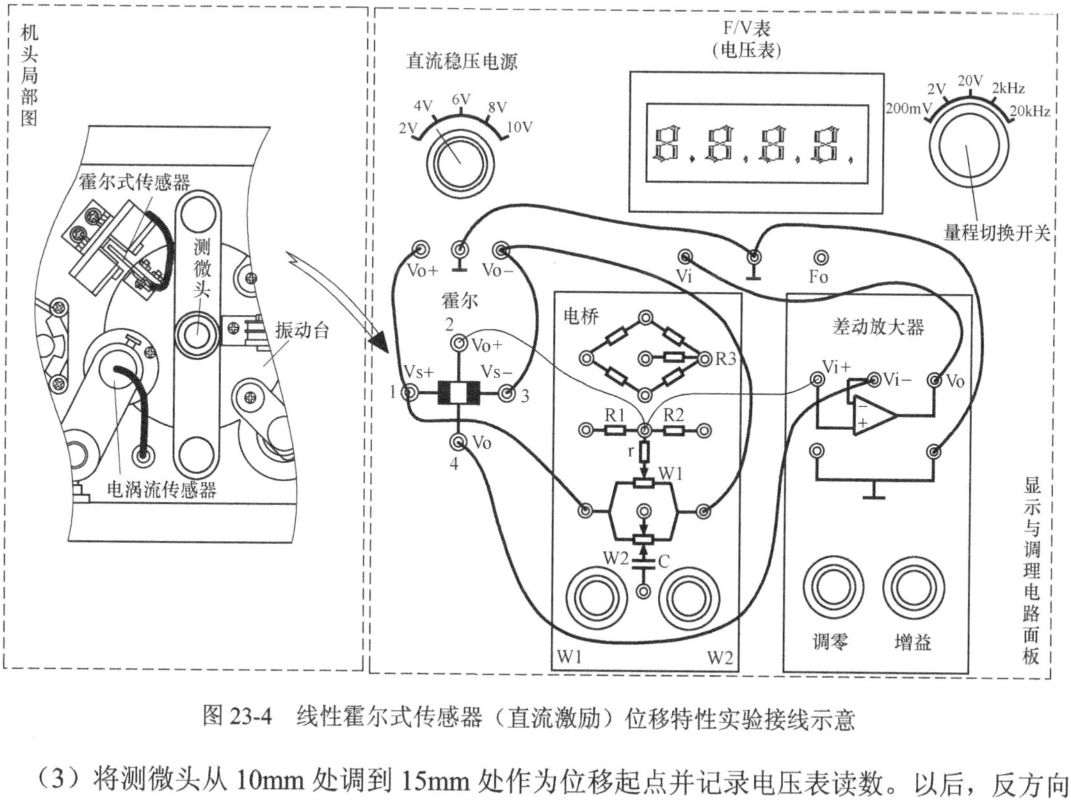

图 23-4　线性霍尔式传感器（直流激励）位移特性实验接线示意

（3）将测微头从 10mm 处调到 15mm 处作为位移起点并记录电压表读数。以后，反方向（顺时针方向）仔细调节测微头的微分筒（0.01mm/格），$\Delta X=0.1$mm（实验总位移从 15mm 变化到 5mm）从电压表上读出相应的电压 V_o，填入表 23-1。

表 23-1　　　　　　　　　　　　霍尔式传感器位移实验数据

X（mm）											
V_o（V）											

（4）根据表 23-1 实验数据绘制 V-X 特性曲线，在曲线上截取线性较好的区域作为传感器的位移量程。

（5）分析曲线，计算不同测量范围 （±0.5mm、±1mm、±2mm）时的灵敏度和非线性误差。实验完毕，关闭电源。

实验 24　磁电式传感器特性实验

24.1　实　验　目　的

了解磁电式测量转速的原理。

24.2　基　本　原　理

磁电传感器是一种将被测物理量转换成为感应电动势的有源传感器（不需要电源激励），也称为电动式传感器或感应式传感器。根据电磁感应定律，一个匝数为 N 的线圈在磁场中切割磁力线时，穿过线圈的磁通量 Φ 发生变化，线圈两端就会产生出感应电动势，线圈中感应电动势为 $e = -N\dfrac{\mathrm{d}\Phi}{\mathrm{d}t}$。线圈感应电动势的大小在线圈匝数一定的情况下与穿过该线圈的磁通量变化率成正比。当传感器的线圈匝数和永久磁钢选定（即磁场强度已定）后，使穿过线圈的磁通发生变化的方法通常有两种：一种是让线圈和磁力线做相对运动，即利用线圈切割磁力线而使线圈产生感应电动势；另一种是固定线圈和磁钢部，靠衔铁运动来改变磁路中的磁阻，从而改变通过线圈的磁通量。因此，磁电式传感器可分成两大类型：动磁式及可动衔铁式（即可变磁阻式）。本实验应用动磁式磁电传感器，是速度型传感器 $\left(e = -N\dfrac{\mathrm{d}\Phi}{\mathrm{d}t}\right)$，实验原理框图如图 24-1 所示。

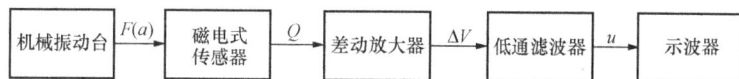

图 24-1　实验原理框图

24.3　需用器件与单元

机头中的振动台、激振器、磁电传感器；显示面板中的低频振荡器；调理电路面板中传感器输出单元中的磁电、激振，调理电路面板中的差动放大器、低通滤波器；双踪示波器（自备）。

24.4　实　验　步　骤

（1）调节测微头远离振动台，不能妨碍振动台的上下运动。按图 24-2 接线，用示波器监测差动放大器及低通滤波器（传感器信号）输出，正确设置双线（双踪）示波器的触发方式及其他设置，TIME/DIV 在 20～50ms 范围内选择，VOLTS/DIV 在 0.1～1V 范围内选择。

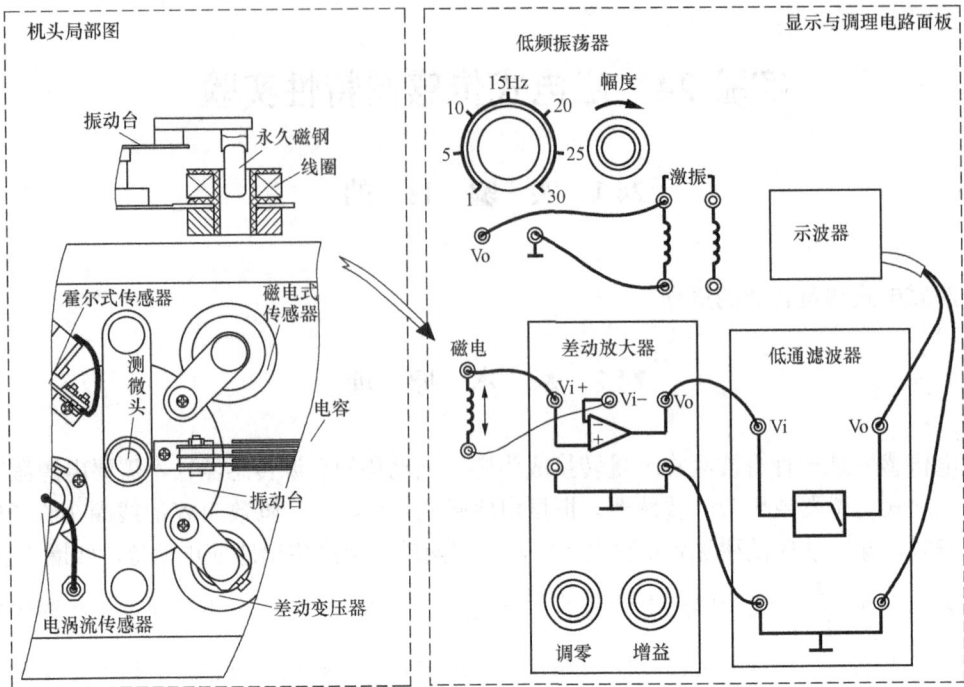

图 24-2　磁电式传感器实验接线示意

（2）将低频振荡器幅度旋钮逆时针转到底（低频输出幅度最小），将低频振荡器的频率调到 8Hz 左右，将差动放大器的增益电位器顺时针缓慢转到底，再逆时针回转 1/2。检查接线无误后，合上主、副电源开关，调节差动放大器的调零电位器使示波器的轨迹线（扫描线）移到中间（当示波器设置在 DC 挡时有效）。

（3）调节低频振荡器幅度旋钮，使振动台振动较为明显（如振动不明显再调节频率），观察低通滤波器（传感器信号）的输出波形的周期和幅值。

（4）在振动台起振范围内调节低频振荡器的频率，观察输出波形的周期和幅值，调节低频振荡器的幅度，观察输出波形的周期和幅值。

（5）从实验现象分析磁电传感器的特性（提示：与振动台的频率有关，速度型）。实验完毕，关闭所有电源。

实验 25　光电转速传感器测转速实验

25.1　实　验　目　的

了解光电转速传感器测量转速的原理及方法。

25.2　基　本　原　理

光电转速传感器有反射型和透射型两种，本实验装置是透射型的（光电断续器，也称光耦），传感器端部内侧分别装有发光管和光电管。发光管发出的光源透过转盘通孔后由光电管接收并转换成电信号，由于转盘上有均匀间隔的六个孔，转动时将获得与转速有关的脉冲数，脉冲经处理由频率表显示 f，即可得到转速 $n=10f$。实验原理框图如图 25-1 所示。

图 25-1　透射型光电转速传感器测转速实验原理框图

25.3　需用器件与单元

机头中的小电机、光电传感器（已装在转速盘上）；显示面板中的 F/V 表、电机控制、±2～±10V 步进可调直流稳压电源；调理电路面板中传感器输出单元中的光电。

25.4　实　验　步　骤

（1）按图 25-2 接线，将 F/V 表切换到频率 2kHz 挡。直流稳压电源调到 10V 挡。

（2）检查接线无误后，合上主、副电源开关，调节电机控制旋钮，则 F/V 表显示相应的频率 f，计算转速为 $n=10f$。实验完毕，关闭主、副电源。

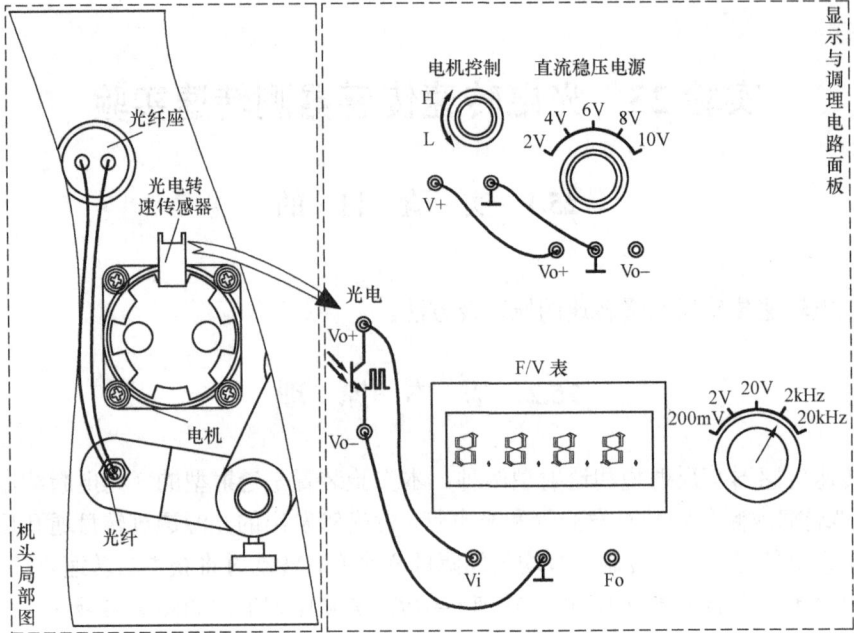

图 25-2　光电转速传感器测转速实验接线示意

实验 26　光纤位移传感器测位移特性实验

26.1　实　验　目　的

了解光纤位移传感器的工作原理和性能。

26.2　基　本　原　理

光纤位移传感器是利用光纤的特性研制而成的传感器。光纤具有很多优异的性能,例如,抗电磁干扰和原子辐射的性能,径细、质软、质量轻的机械性能,绝缘、无感应的电气性能,耐水、耐高温、耐腐蚀的化学性能等;它能够在人达不到的地方(如高温区),或者对人有害的地区(如核辐射区),起到人的"耳目"的作用,而且能超越人的生理界限,接收人的感官所感受不到的外界信息。

光纤位移传感器主要分为两类:功能型光纤位移传感器及非功能型光纤位移传感器(也称为物性型和结构型)。功能型光纤位移传感器利用对外界信息具有敏感能力和检测功能的光纤,构成"传"和"感"合为一体的传感器。这里光纤不仅起传光的作用,而且起敏感作用。工作时利用检测量改变描述光束的一些基本参数,如光的强度、相位、偏振、频率等,它们的改变反映了被测量的变化。由于对光信号的检测通常使用光电二极管等光电元件,因此,光的那些参数的变化,最终都要被光接收器接收并被转换成光强度及相位的变化。这些变化经信号处理后,可得到被测的物理量。应用光纤位移传感器的这种特性可以实现压力、温度等物理参数的测量。非功能型光纤位移传感器主要利用光纤对光的传输作用,由其他敏感元件与光纤信息传输回路组成测试系统,光纤在此仅起传输作用。

本实验采用的是传光型光纤位移传感器,它由两束光纤混合后,组成 Y 形光纤,半圆分布(即双 D 分布),一束光纤端部与光源相接发射光束,另一束光纤端部与光电转换器相接接收光束。两光束混合后的端部是工作端(亦称探头),它与被测体相距 d,由光源发出的光纤传到端部出射后再经被测体反射回来,另一束光纤接收光信号由光电转换器转换成电量,如图 26-1 所示。

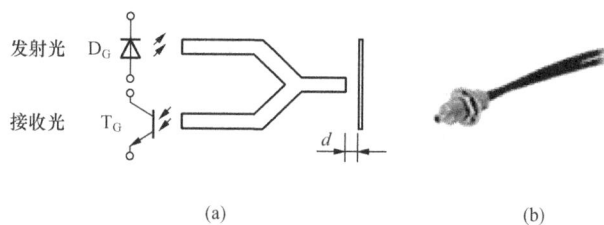

图 26-1　Y 形光纤测位移工作原理

(a)光纤测位移工作原理;(b)Y 形光纤

传光型光纤位移传感器测量位移是根据传送光纤的光场与接收光纤交叉地方的情况而定

的。当光纤探头与被测物接触或零间隙时（$d=0$），则全部传输光量直接被反射至传输光纤。

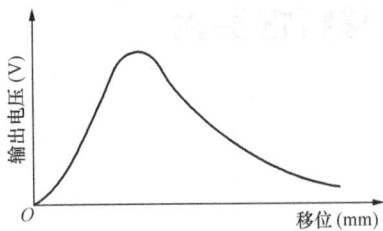

图 26-2　光纤位移特性曲线

没有提供光给接收端的光纤，输出信号便为零。当探头与被测物的距离增加时，接收端的光纤接收的光量越多，输出信号增大，当探头与被测物的距离增加到一定值时，接收端的光纤全部被照明为止，此时称为光峰值。达到光峰值之后，当探针与被测物的距离继续增加时，将造成反射光扩散或超过接收端接收视野，则输出信号与测量距离成反比关系。如图 26-2 所示，一般选用线性范围较好的上升部分曲线为测试区域。

26.3　需用器件与单元

机头中的振动台、被测体（铁圆片抛光反射面）、Y 形光纤探头、光纤座（光电变换）、测微头；显示面板中的 F/V 表；调理电路面板中传感器输出单元中的光纤，调理电路单元中的差动放大器。

26.4　实验步骤

（1）松开光纤探头支架安装轴套上的螺钉，小心、缓慢地拔出支架安装轴。观察两根多模光纤组成的 Y 形位移传感器：将两根光纤尾部端面（包铁端部）对准自然光照射，观察探头端面，当其中一根光纤的尾部端面用不透光纸挡住时，探头端面为双 D 形结构。

（2）按图 26-3 安装、接线。在振动台上安装被测体（铁圆片抛光反射面），在振台与测微头吸合的情况下，调节测微头到 10mm 处。

安装光纤：安装光纤时，用手握住两根光纤尾部的包铁部分并轻轻插入光纤座中，不允许用手握住光纤的黑色包皮部分进行插拔，插入时不要过分用力，以免损坏光纤座组件中光电管。将光纤探头支架安装轴插入轴套中，调节光纤探头支架，当光纤探头自由贴住振动台的被测体反射面时拧紧轴套的紧固螺钉。

（3）检查接线无误后，合上主、副电源开关，将 F/V 表的量程切换到 2V 挡。将差动放大器的增益电位器顺时针缓慢转到底后，再逆向回转一点。调节差动放大器的调零电位器，使 F/V 表显示为 0。

（4）顺时针调节测微头，每隔$\Delta X=0.1$mm 读取电压表显示值（取 $X>8$mm 行程的数据），将数据填入表 26-1。

表 26-1　　　　　　　　　　光纤位移传感器输出电压与位移数据

X（mm）									
远离 V_o（V）									
接近 V_o（V）									

（5）根据表 26-1 数据绘制特性曲线，并找出线性区域较好的范围（上升部分曲线）作为光纤位移传感器的量程，计算灵敏度和非线性误差。实验完毕，关闭主、副电源。

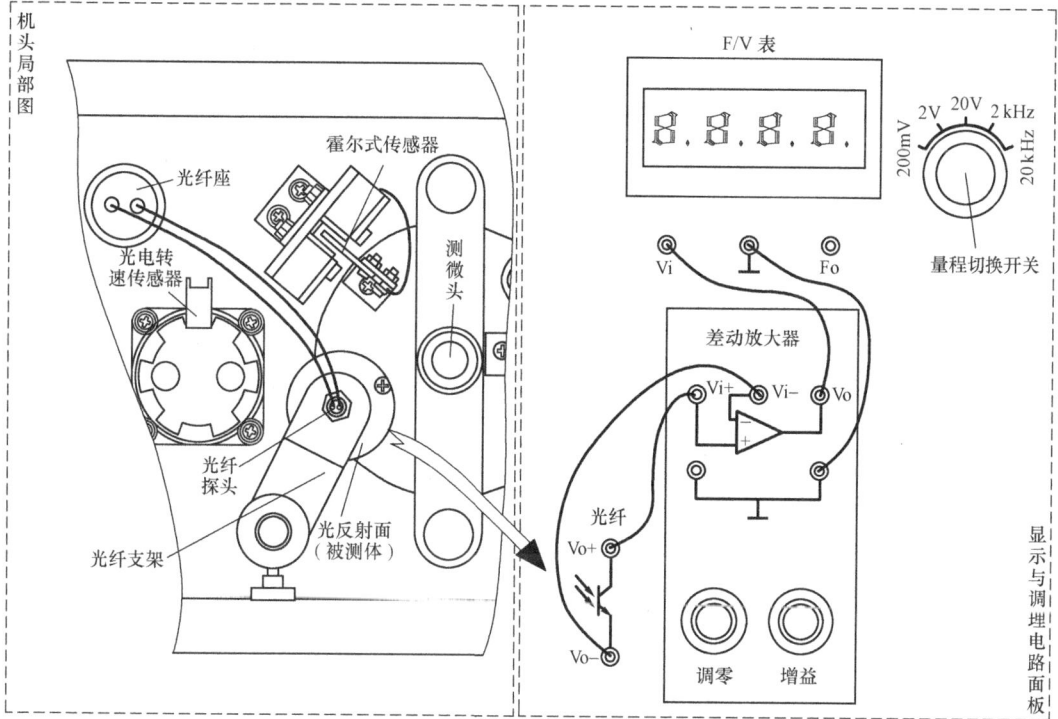

图 26-3　光纤位移传感器测位移实验安装、接线示意

附　　录

传感器系统实验报告

班级 ＿＿＿＿＿＿＿＿

姓名 ＿＿＿＿＿＿＿＿

学号 ＿＿＿＿＿＿＿＿

实验 1　应变片单臂特性实验

一、实验目的

二、原理图

三、思考题

（1）ΔR 转换成 ΔV 输出用什么方法？

（2）根据图 1-7 所示机头中应变梁结构，判断梁的自由端往下施力时上、下梁片中应变片的应变方向（是拉还是压）。

（3）在下面坐标图中绘制单臂电桥电路的 ΔX-V 实验曲线。

实验 2　应变片半桥特性实验

一、实验目的

二、原理电路图

三、思考题

半桥测量时，两片不同受力状态的电阻应变片（相邻的二片应变片）接入电桥时，应接在哪一边（对边还是邻边）？为什么？

实验 3　应变片全桥特性实验

一、实验目的

二、原理电路图

三、思考题
应变片组桥时应注意什么问题？

四、拓展题
应变片单臂、半桥、全桥特性比较。

（1）比较单臂、半桥、全桥电路输出时的灵敏度和非线性度，得出相应的结论。

（2）基本原理。应变片单臂、半桥、全桥测量电路原理如图 1-2 所示。其输出电压分别见式（1-6）～式（1-8）。

（3）根据实验 1～实验 3 所得的结果进行单臂、半桥、全桥电路输出的灵敏度和非线性度分析比较。（注意：实验 1～实验 3 中的放大器增益必须相同）

实验 4　应变片的温度影响实验

一、实验目的

二、原理电路图

三、思考题

影响应变片桥温度的原因是什么？

实验 5　应变片温度补偿实验

一、实验目的

二、原理图

三、思考题

温度补偿片的粘贴应注意什么哪些问题？

实验6 应变直流全桥的应用——电子秤实验

一、实验目的

二、原理图

三、思考题

（1）质量转换成 ΔV 输出用什么方法？

（2）绘制 $\Delta M\text{-}V$ 实验曲线。

实验 7　移相器、相敏检波器实验

一、实验目的

二、原理图

三、思考题

（1）通过移相器、相敏检波器的实验是否对两者的工作原理有了更深入的理解？

（2）做出相敏检波器各个环节波形图。

实验 8　应变片交流全桥的应用（应变仪）——振动测量实验

一、实验目的

二、原理图

三、思考题

（1）悬臂梁振动频率方面有什么要求？

（2）为保护悬梁应变片不受损伤，应如何调节激振器？

实验 9　压阻式压力传感器的压力测量实验

一、实验目的

二、原理图

三、思考题

（1）ΔP 转换成 ΔV 输出用什么方法？

（2）压阻传感器在现场应用中传感器非线性误差产生的原因？

（3）在坐标图中绘制单臂电桥电路的 ΔP-V 实验曲线。

实验 10　电容传感器的位移实验

一、实验目的

二、原理图

三、思考题

（1）ΔX 转换成 ΔV 输出用什么方法？

（2）电容传感器的线性特性怎样？

（3）在坐标图中绘制单臂电桥电路的 ΔX-V 实验曲线。

实验 11　差动变压器的性能实验

一、实验目的

二、原理图

三、思考题

（1）试分析差动变压器与一般电源变压器的异同。

（2）为什么用直流电压激励会损坏传感器？

（3）差动变压器为什么存在零点残余电压？用什么方法可以减小零点残余电压？

实验 12　激励频率对差动变压器特性的影响实验

一、实验目的

二、原理图

三、思考题

（1）为什么传感器在不同的频率输入时会有不同的幅值？

（2）差动变压器传感器的频率特性和传感器哪些参数有关？

（3）根据表 12-1 的数据绘制幅频（$f\text{-}V_{P\text{-}P}$）特性曲线。

实验 13　差动变压器零点残余电压补偿实验

一、实验目的

二、原理图

三、思考题

（1）残余电压补偿的方法？

（2）绘制 $X\text{-}V$ 特性曲线。

（3）比较绘制特性曲线和实验 11 中特性曲线的差异。

实验 14 差动变压器测位移实验

一、实验目的

二、原理图

三、思考题

（1）实验中差动变压器的量程为多少？

（2）差动变压器的输出经相敏检波器检波后是否消除了零点残余电压和死区？

（3）从实验曲线上看输入信号和参考信号同相时的情况和两者反向时输出有何不同？

实验 15　差动变压器振动测量实验

一、实验目的

二、原理图

三、思考题

（1）振动测量之前应该注意哪些事项？

（2）被检测的振动振动频率和传感器的输入频率之间有何关系？

（3）绘制振动信号的输出波形。

实验 16 电涡流传感器位移特性实验

一、实验目的

二、原理图

三、思考题

（1）电涡流传感器测量距离时需要什么样的特性？

（2）电涡流传感器在现场的应用。

（3）在坐标图中绘制 V-X 实验曲线。

实验 17　　被测体材质对电涡流传感器特性影响

一、实验目的

二、原理图

三、思考题

（1）为什么不同的介质对电涡流传感器的特性不同？

（2）在坐标图中绘制铁、铝的 $V\text{-}X$ 实验曲线。

（3）比较两者的特性。

实验 18 电涡流传感器测振动实验

一、实验目的

二、原理图

三、思考题

（1）测试前传感器和测试片位置有何要求？

（2）用示波器观察振动输出信号。

（3）比较用差动变压器传感器和电涡流传感器检测振动的差异。

实验 19　压电传感器测振动实验

一、实验目的

二、原理图

三、思考题

（1）压电传感器的特性是什么？

（2）注意观察示波器输出信号和振动盘位移的关系。

实验 20　热电偶的原理及现象实验

一、实验目的

二、原理图

三、思考题

（1）热电偶的测温和温度电阻有什么不同？

（2）举例说明热电偶在现场的应用。

实验 21　NTC 热敏电阻温度特性实验

一、实验目的

二、原理图

三、思考题

举例说明 NTC 热敏电阻在现场的应用。

实验 22　PN 结温度传感器温度特性实验

一、实验目的

二、原理图

三、思考题

PN 结温度传感器在电子器件过热保护方面如何发挥作用？

实验 23　线性霍尔式传感器位移特性实验

一、实验目的

二、原理图

三、思考题

（1）梯度磁场是如何实现的？

（2）按要求在坐标图中绘制单臂电桥电路的 $V\text{-}X$ 实验曲线。

实验 24　磁电式传感器特性实验

一、实验目的

二、原理图

三、思考题

（1）为什么说动磁式磁电传感器是测量速度的传感器？

（2）用示波器观察传感器输出波形与振动盘的位移之间的关系。

实验 25　光电转速传感器测转速实验

一、实验目的

二、原理图

三、思考题

（1）叙述转速信号转换为光脉冲信号的方法。

（2）叙述转速信号的其他测量方法。

实验 26　光纤位移传感器测位移特性实验

一、实验目的

二、原理图

三、思考题

（1）电信号和光信号之间的转换在实际应用中有何作用。

（2）在坐标图中绘制单臂电桥电路的 V-X 实验曲线。

（3）光作为传感器工作检测媒介还有哪些工作方式？

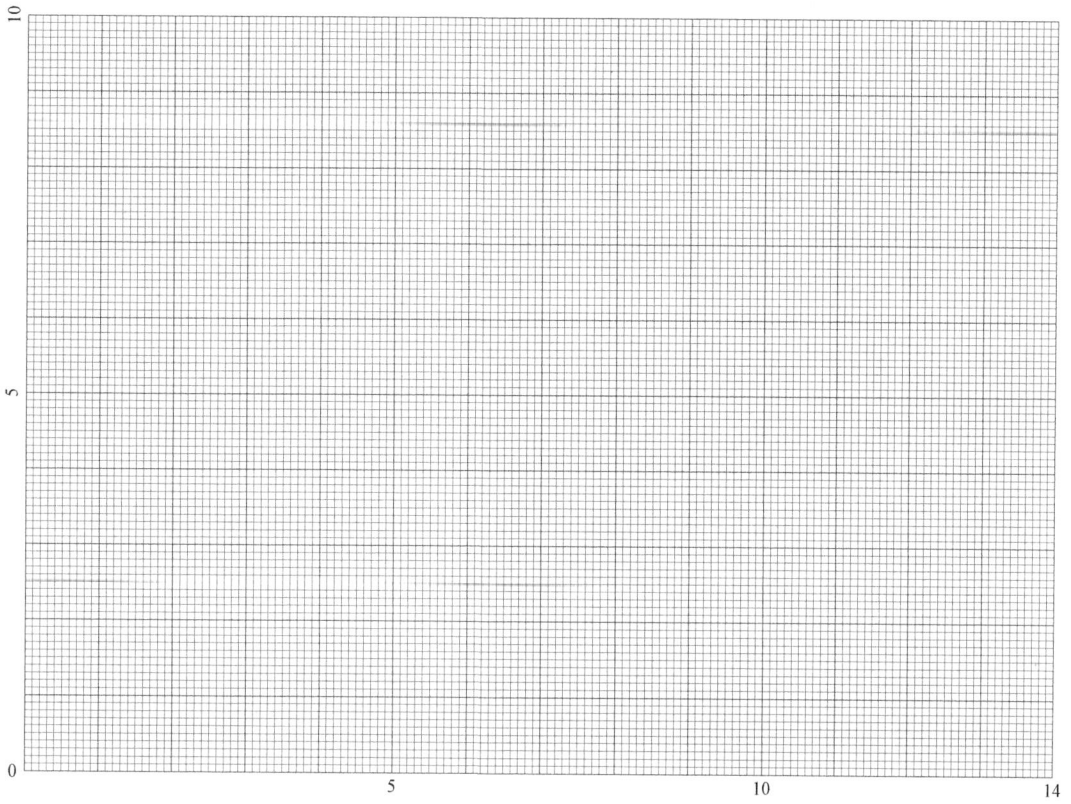

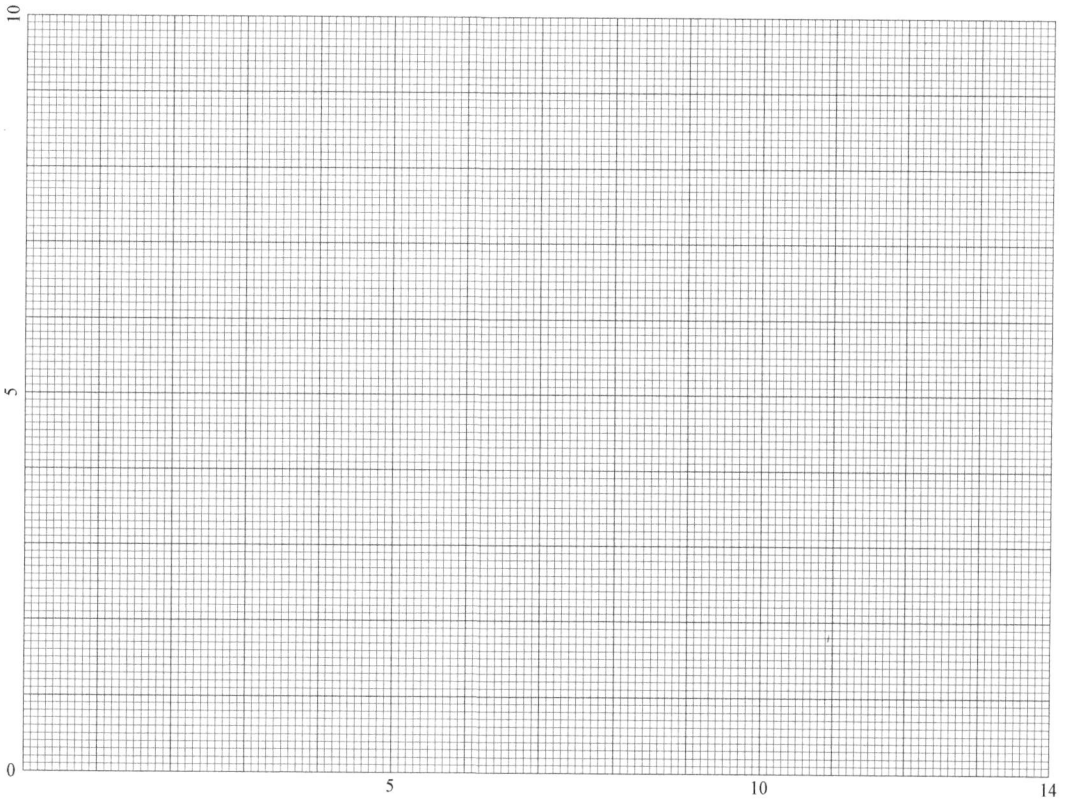

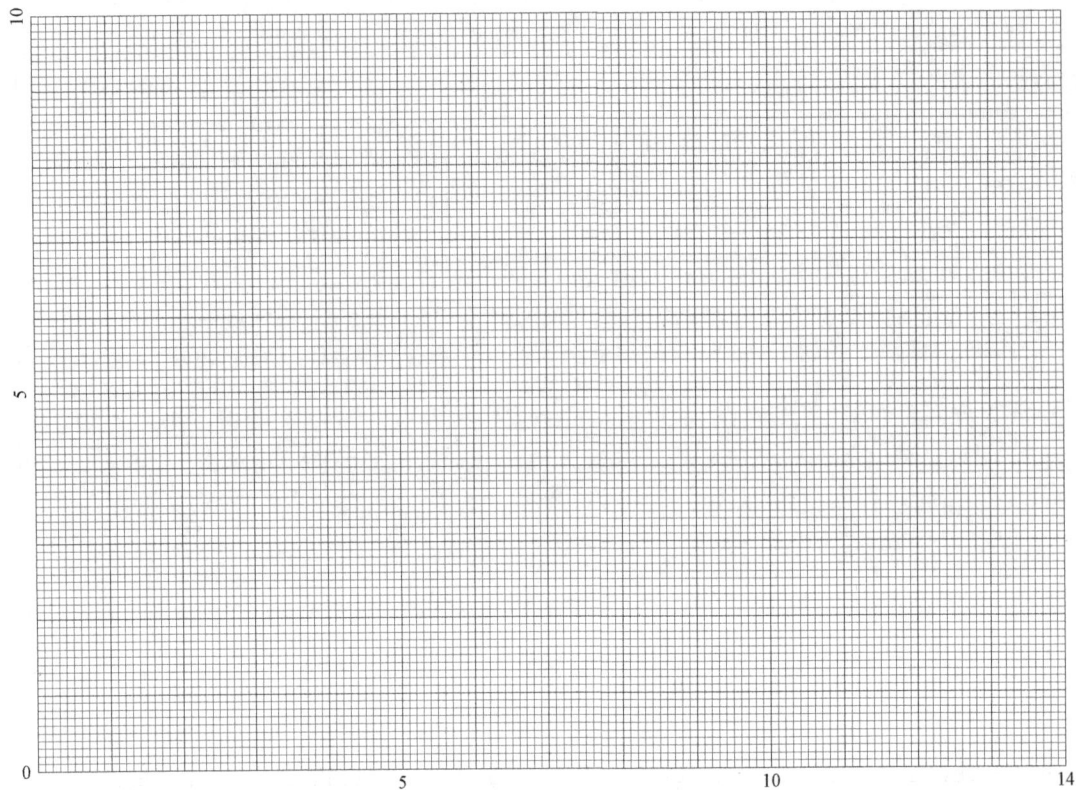

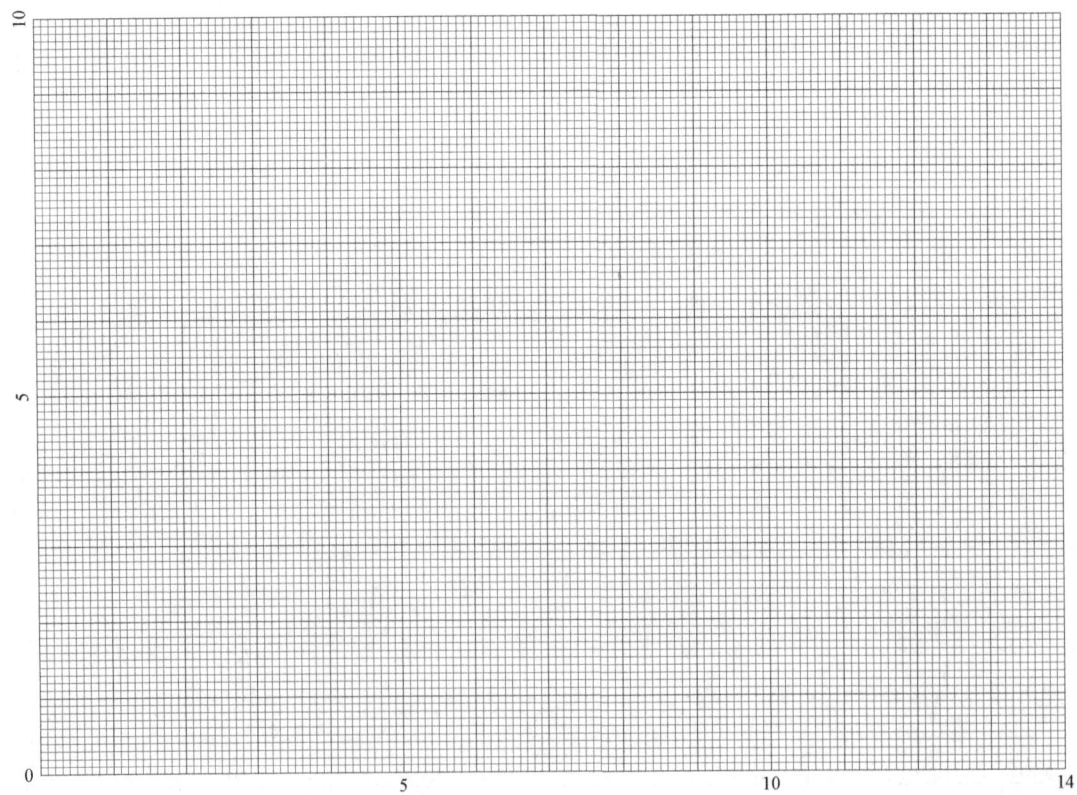

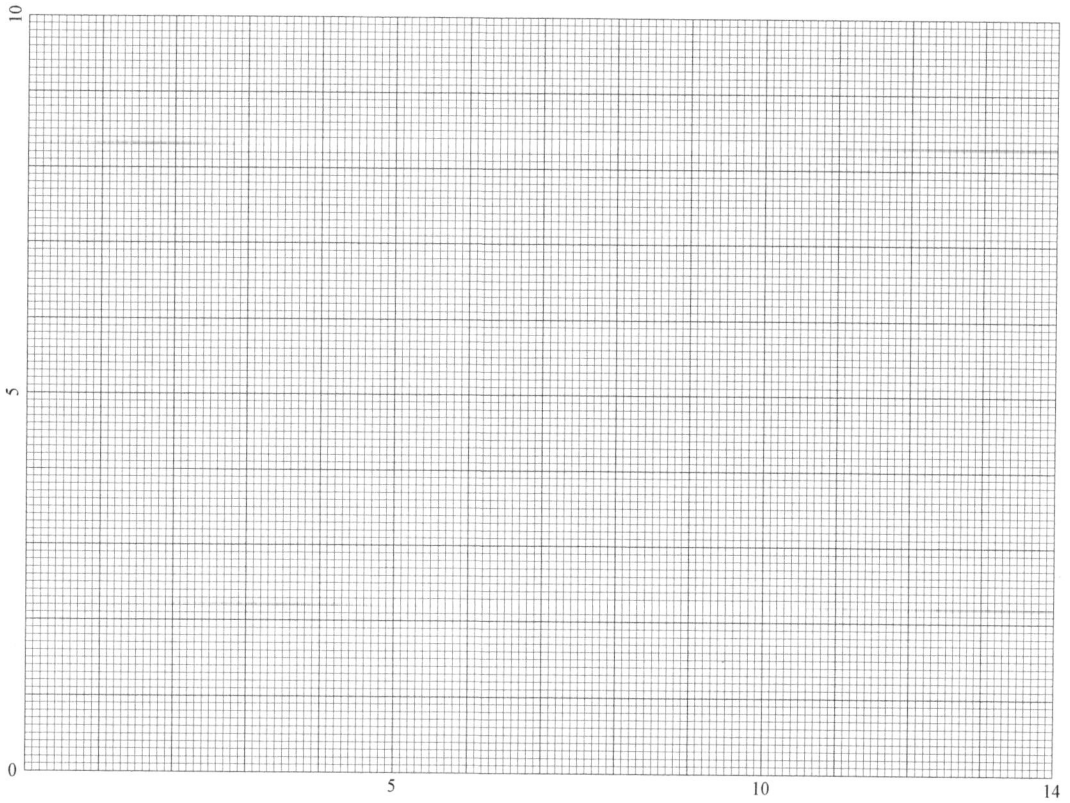

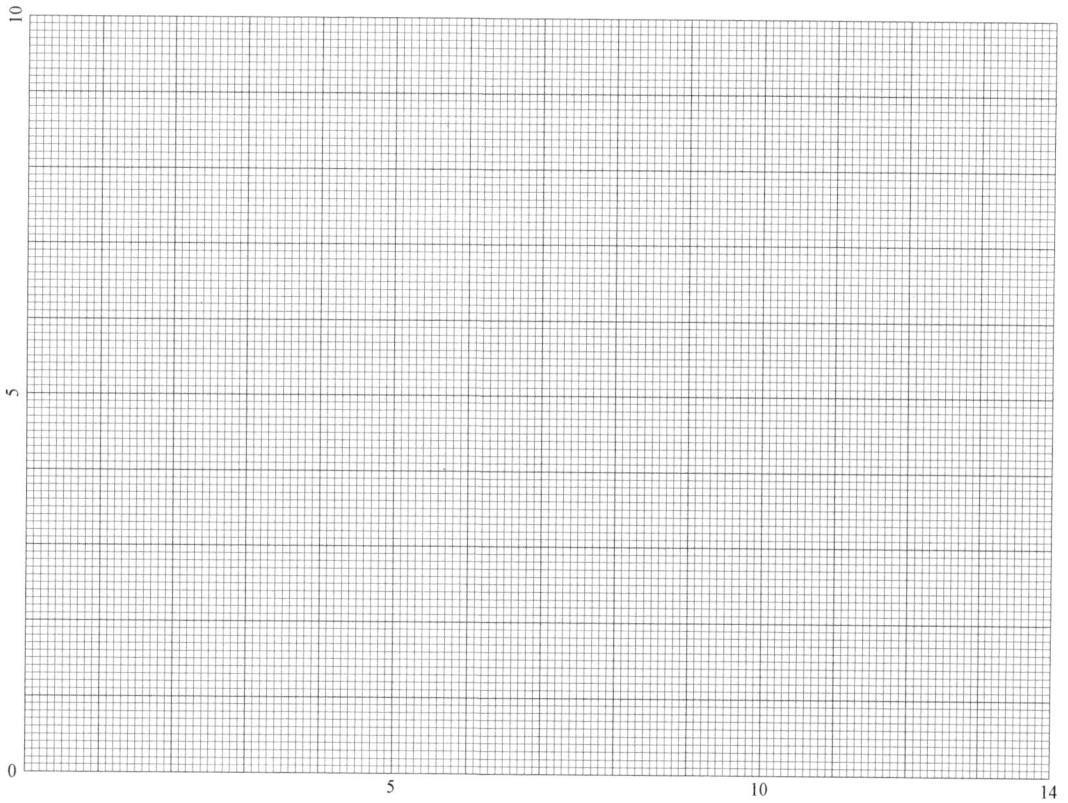

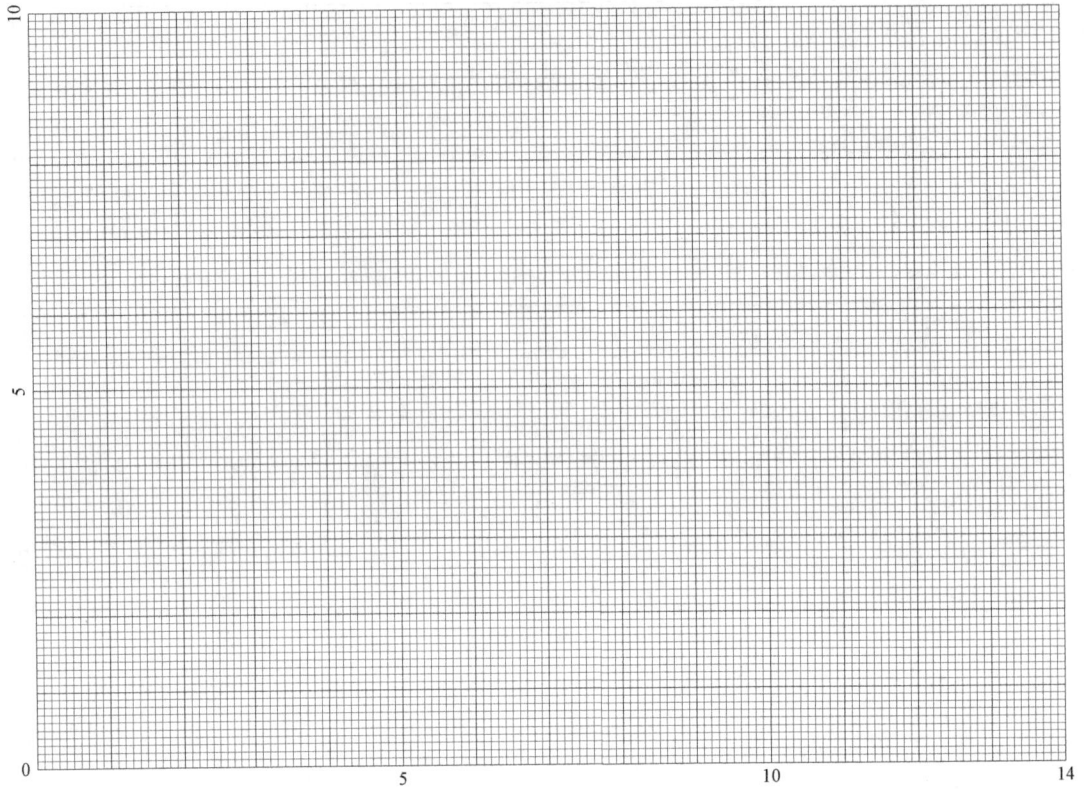

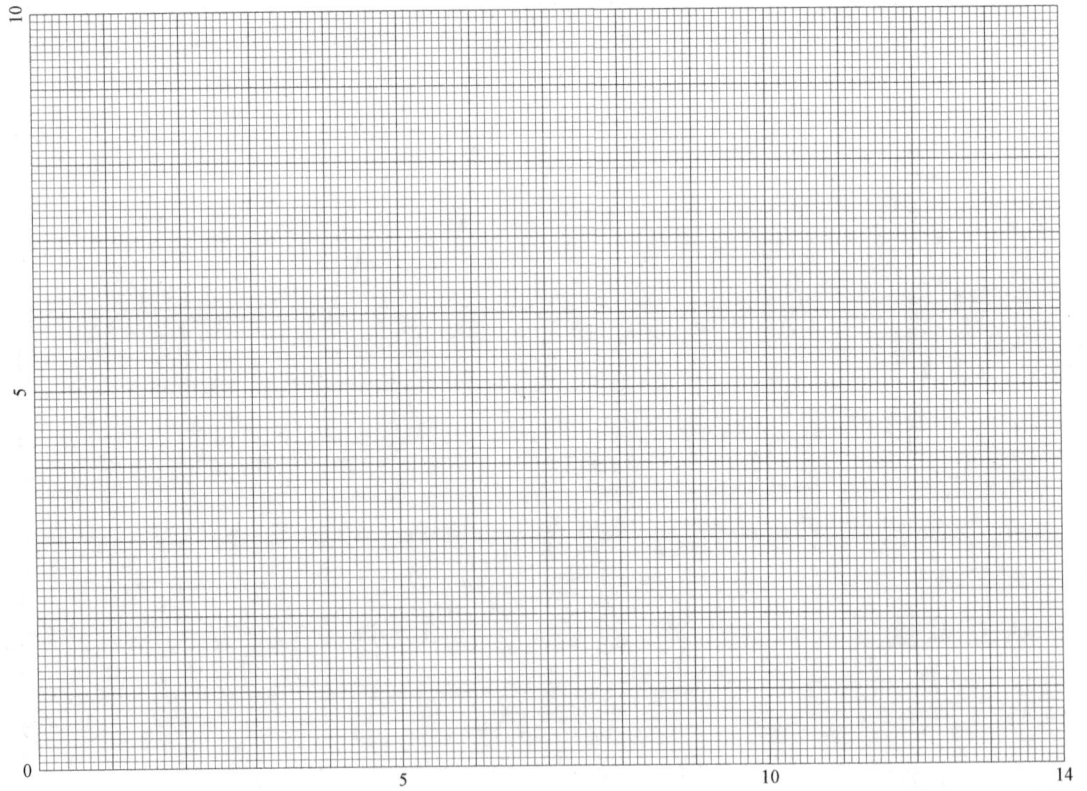